学习

Eureka Math®
四年级
模块4

Great Minds PBC is the creator of Eureka Math®,
Wit & Wisdom®, Alexandria Plan™, and PhD Science™.

Published by Great Minds PBC. greatminds.org

Copyright © 2020 Great Minds PBC. All rights reserved. No part of this work may be reproduced or used in any form or by any means—graphic, electronic, or mechanical, including photocopying or information storage and retrieval systems—without written permission from the copyright holder.

ISBN 978-1-64929-274-2

1 2 3 4 5 6 7 8 9 10 CCD 25 24 23 22 21 20

Printed in the USA

学习·练习·成功

Eureka Math® 的学生教材 A Story of Units®（幼儿园到 5 年级）可以在学习、练习、成功三合一课程中取得。本系列支持差异学习和辅导，同时保持学生教材条理清晰且易于使用。教育人员会发现学习、练习和成功系列还具备连贯性的介入响应模式（Response to Intervention / RTI），因此学习更有效率，并提供额外练习和夏季学习资源。

学习

Eureka Math 学习可作为学生的课堂伙伴，帮助其展示自己的想法、分享他们知道的内容、看着他们每天累积知识。学习通过容易存放和浏览的书册集合了每日的课堂作业——应用题、课堂反馈条、习题集和模版。

练习

每堂 Eureka Math 课程从一系列充满活力、欢乐的熟练度活动开始进行，包括 Eureka Math 练习的内容。精通数学的学生可以更深入地掌握更多教材。通过练习，学生将掌握新习得的技能，并加强以前的学习，为下一堂课做准备。

学习和练习一起提供学生用于核心数学教学所需的所有印刷教材。

成功

Eureka Math 成功让学生可以独立学习并精通内容。每一课的额外习题集都与课堂的教学一致，因此非常适合当作家庭作业或额外练习。每个习题集都伴随一个家庭作业助手，它是一组说明如何解决类似问题的练习例题。

老师和导师可以使用前一年级的成功课本作为课程一致性的工具，以填补基础知识的落差。随着熟悉的模型加强与当前年级内容的联系，学生将蓬勃发展，并更快地进步。

学生、家庭和教育人员：

谢谢您加入 *Eureka Math®* 社区，我们在此赞扬数学的乐趣、美好和震撼。

通过丰富的经验和对话，新的学习会在 *Eureka Math* 的课堂中获得启发。学习课本将学生所需的提示和习题顺序交到他们的手中，以展现并巩固他们在课堂里的学习。

学习课本里有什么内容？

应用题： 解决现实世界中的问题是 *Eureka Math* 日常教学的一部分。学生在各种全新的情况下运用他们的知识，可建立信心和毅力。本课程鼓励学生使用 RDW 流程——阅读习题，画图以理解问题，并写出算式和解题方法。当学生分享他们的作业并互相解释他们的解题策略时，教师会提供帮助。

习题集： 精心安排的习题集让学生有机会能在课堂上进行独立作业，并提供多种不同的切入点。老师可以使用"准备和定制"流程为每个学生选择"必须做"的题目。某些学生会比其他人完成更多题目；重要的是，通过老师稍微的提点，所有学生都有 10 分钟的时间立即练习所学内容。

学生通过问题集达到每堂课的高峰点——学生汇报。在此学生会与同学和老师进行思考，说明并强化他们当天有疑问、注意到和学习到的东西。

课堂反馈条： 学生通过每日的退出票向老师展示他们的知识。这项理解程度的检查为老师提供了当天教学成果的珍贵实时证据，进而为下一次的教学重点提供重要的见解。

模板： 有时，"应用题"、"习题集"或其他课堂活动要求学生拥有自己的图片副本、可重复使用的模型或数据集。所有这些模板会在需要用到的第一堂课提供。

在哪里可以了解更多 Eureka Math 的资源？

Great Minds® 团队致力于通过不断增加的资源库，为学生、家庭和教育工作者提供支持，网址为：eureka-math.org。该网站还在尤里卡数学社区提供了一些令人振奋的成功案例。通过成为尤里卡数学优胜者与其他用户分享您的见解和成就。

祝福您一整年都充满着灵光乍现的时刻！

吉尔·迪尼兹（Jill Diniz）
数学总监
Great Minds

读–画–写流程

Eureka Math 课程让老师通过简单且可重复的教学流程支持学生解决问题。读–画–写（RDW）流程要求学生

1. 阅读习题。
2. 画图与标记。
3. 写出算式。
4. 写出句子（陈述）。

本课程鼓励教育人员加入以下问题来加强教学流程，例如：

- 你看到了什么？
- 你能画点东西吗？
- 你可以从图画中得出什么结论？

通过这种系统性与开放性的方法，学生参与问题推理的程度越深，他们就越能将思考过程消化吸收，并且在未来更能直觉性地应用这些技能。

内容

模块4：角度测量和平面图

主题A：线和角

第1课 1

第2课 5

第3课 15

第4课 23

主题B：角度测量

第5课 31

第6课 37

第7课 49

第8课 57

主题C：用角度加法解题

第9课 65

第10课 71

第11课 77

主题D：二维图形与对称性

第12课 83

第13课 93

第14课 107

第15课 113

第16课 119

单位的故事 第1课习题集 4•4

姓名 _____ 日期 _____

1. 按照以下说明在右侧的框中绘制图形。

   a. 画两个点：A和B。

   b. 用直尺画 $\overrightarrow{AB}$。

   c. 画一个新点，不在其上 $\overrightarrow{AB}$，标为C。

   d. 画 $\overrightarrow{AC}$。

   e. 画一个点，不在其上 $\overrightarrow{AB}$，或者 $\overrightarrow{AC}$。称之为D。

   f. 构建 $\overrightarrow{CD}$。

   g. 使用已经标记的点命名一个角。_____

2. 按照以下说明在右侧的框中绘制图形。

   a. 画两个点：A和B。

   b. 用直尺画 $\overrightarrow{AB}$。

   c. 画一个新点，不在其上 $\overrightarrow{AB}$，标识为C。

   d. 画 $\overrightarrow{BC}$。

   e. 画一个新点，不在其上 $\overrightarrow{AB}$，或者 $\overrightarrow{BC}$。标为D。

   f. 构建 $\overrightarrow{CD}$。

   g. ∠DAB通过画一个弧形来显示角的位置，以识别。

   h. 参考已绘制的点来确定另一个角。_____

第1课： 识别并绘制点、线、线段、射线和角。在各种情况和熟悉的图像里识别它们。

3. a. 观察下面熟悉的图形。在每个图形上标记一些点。
   b. 使用这些点来标记和命名下表中的以下各项：射线、线、线段和角。扩展线段以显示线和射线。

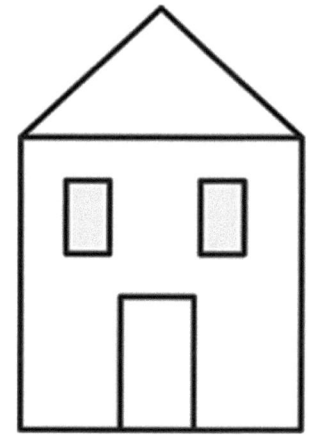 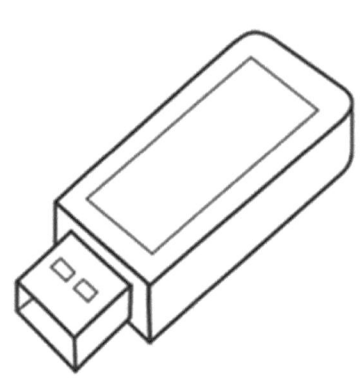 

	房子	闪存	指南针玫瑰
射线			
线			
线段			
角			

扩展：画一个熟悉的图形。用点标记它，然后标识射线、线、线段和角（如果适用）。

姓名 _____ 日期 _____

1. 画一个线段来连接文字和其图片。

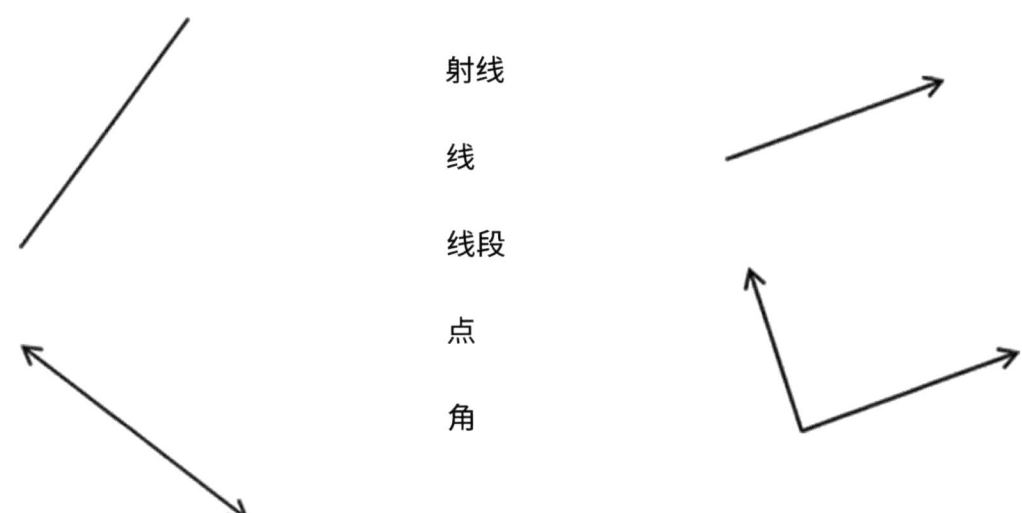

射线

线

线段

点

角

2. 线如何不同于线段？

1. 图形1有3个点。用尽可能多的线段连接点A、B、C。
2. 图形2有4个点。用尽可能多的线段连接点D、E、F、G。

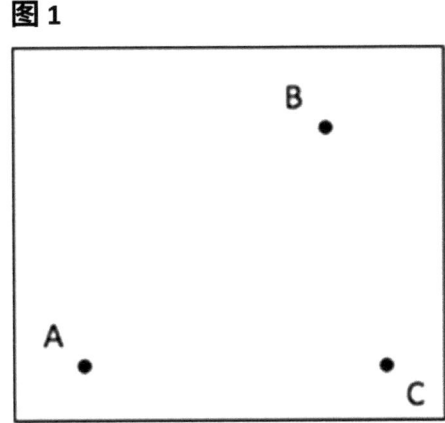

图1

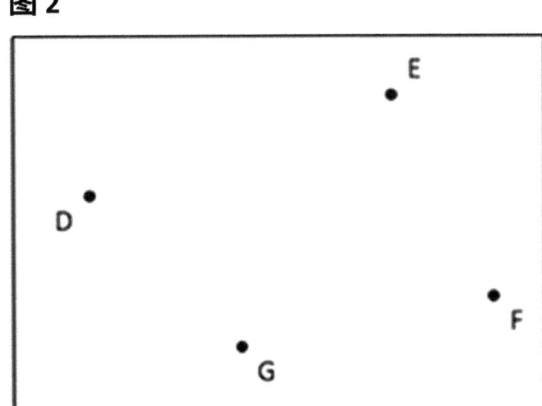

图2

阅读 　　　　绘画 　　　　编写

姓名 _____ 日期 _____

1. 使用你在课堂上制作的直角模板确定以下每个角是否大于、小于或等于直角。将每个角标记为大于、小于或等于，然后将每个角连接到正确的锐角、直角或钝角标签。
   第一个已经为你完成了。

a.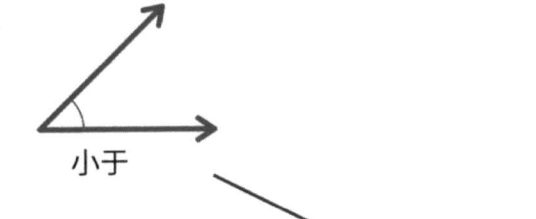
小于

b.

c. 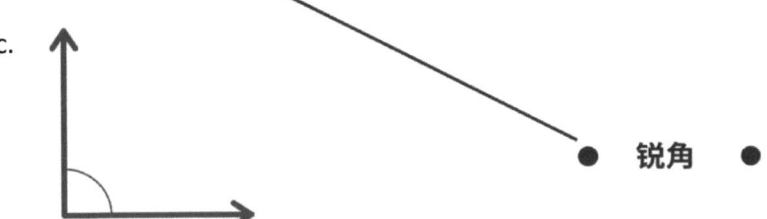   锐角

d.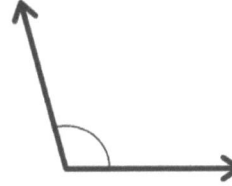

e.    直角

f.

g.    钝角

h.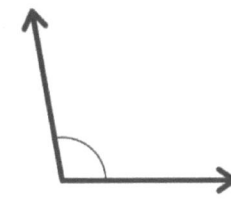

i.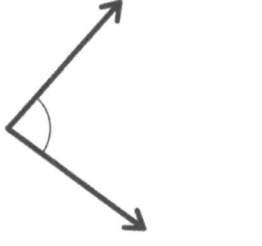

j.

2. 使用你的直角模板以判断毕加索绘画工厂 *Horta de Ebbo* 的锐角、钝角和直角。描出每个的至少两个，用点标记，然后在图画下方的表中为它们命名。

© 2013《毕加索庄园》/艺术家权利协会(ARS), 纽约。
图片：Erich Lessing/纽约艺术资源。

锐角		
钝角		
直角		

3. 使用直尺和创建的直角模板构造以下每一个。通过将其角度与直角进行比较来说明每一个的特征。说明时使用大于、小于或等于这样的词语。

   a. 锐角

   b. 直角

   c. 钝角

姓名 _____ 日期 _____

1. 填空,使用以下词汇之一做出正确判断:锐角,钝角,直角,平角。

   a. 在课堂上,当我们把纸折两次,我们做出了_____角。

   b. _____角比直角小。

   c. _____角比直角大,但是比平角小。

2. 使用直角模板判断以下角度。

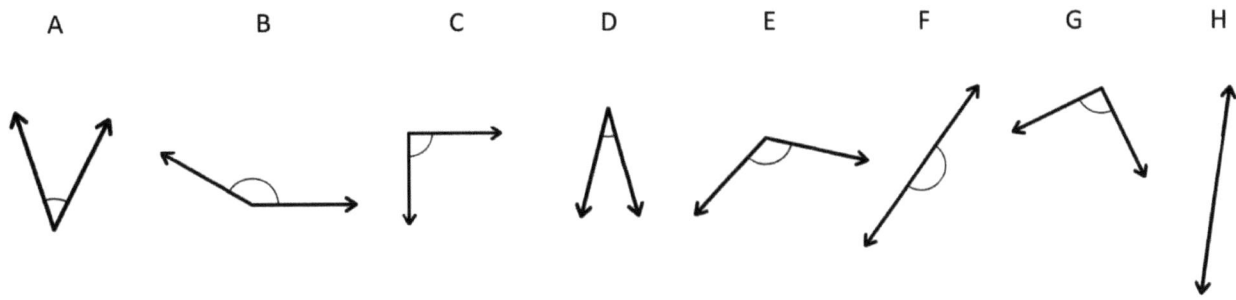

   a. 哪些角是直角?_____
   b. 哪些角是钝角?_____
   c. 哪些角是锐角?_____
   d. 哪些角是平角?_____

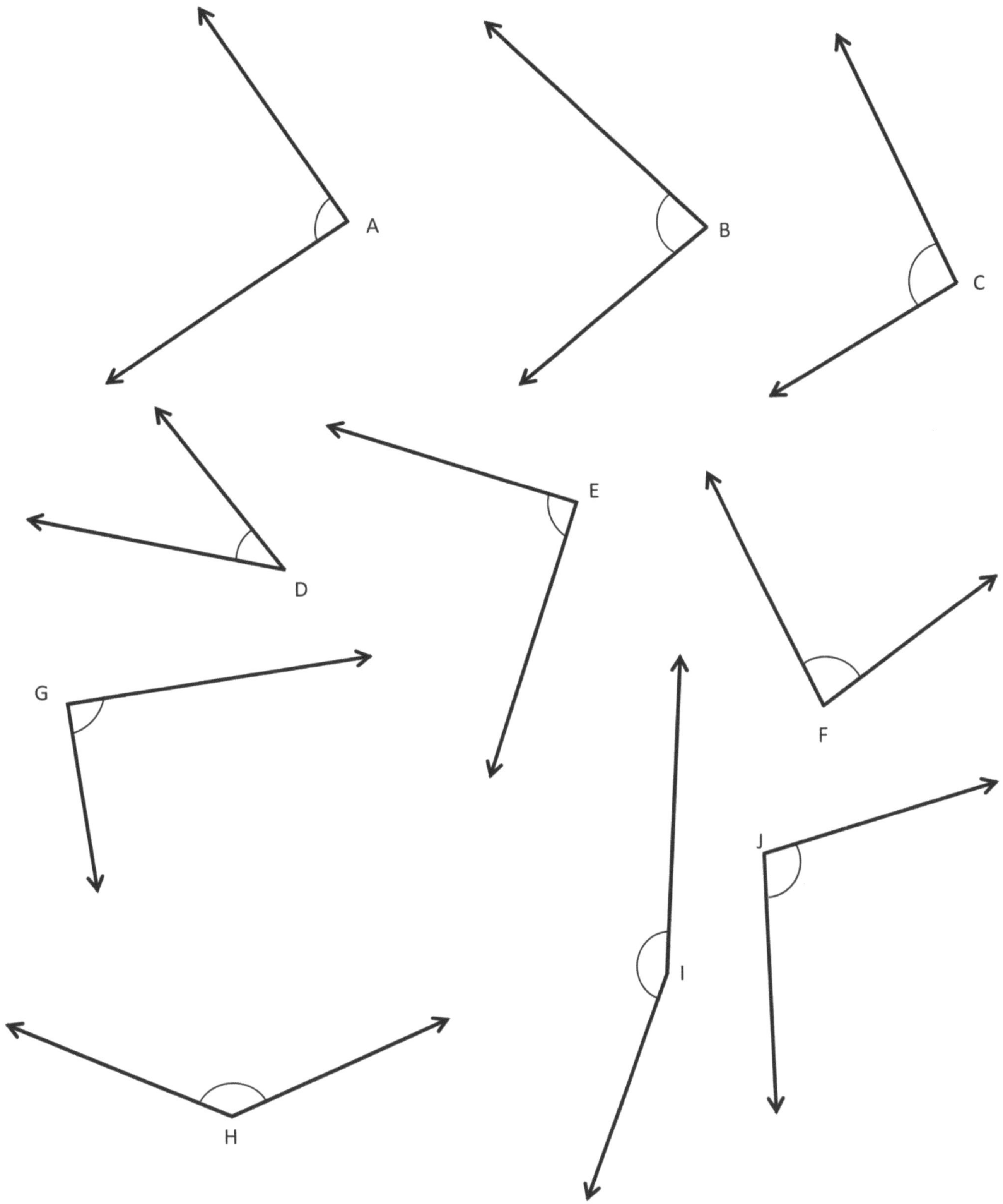

单位的故事 第2课模板 4•4

角度

第2课： 使用直角来确定这些角是等于、大于还是小于直角。绘制直角、钝角和锐角。

a. 估算着画X点，向上一半$\overline{AB}$。

b. 估算Y点，向上一半$\overline{CD}$。

c. 画平行线段XY。这些线段创建了什么词？

d. 擦掉线段XY。画线段CF。这些线段创建了什么词？

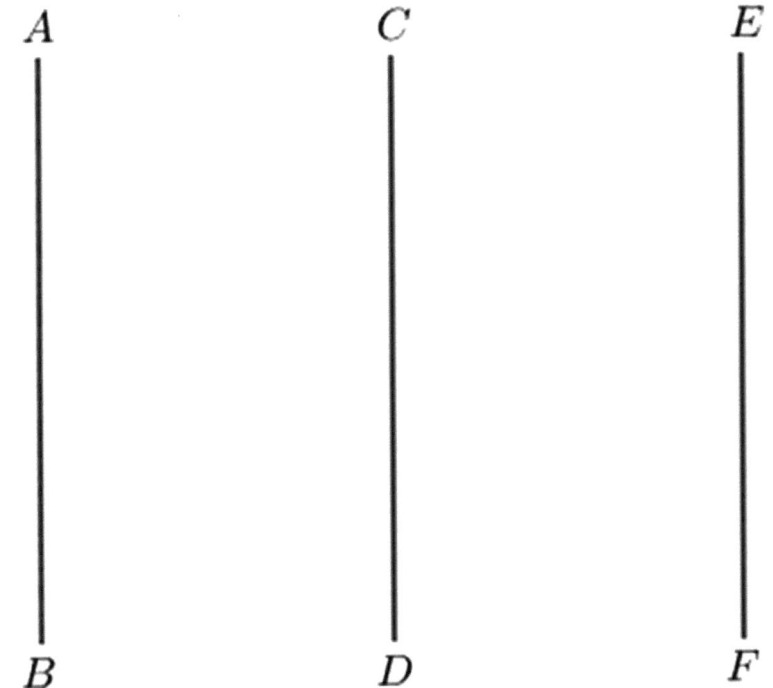

阅读   绘画   编写

第3课： 识别，定义和画垂直线。

姓名 _____ 日期 _____

1. 在每个物体上，描出至少一对看起来垂直的线。

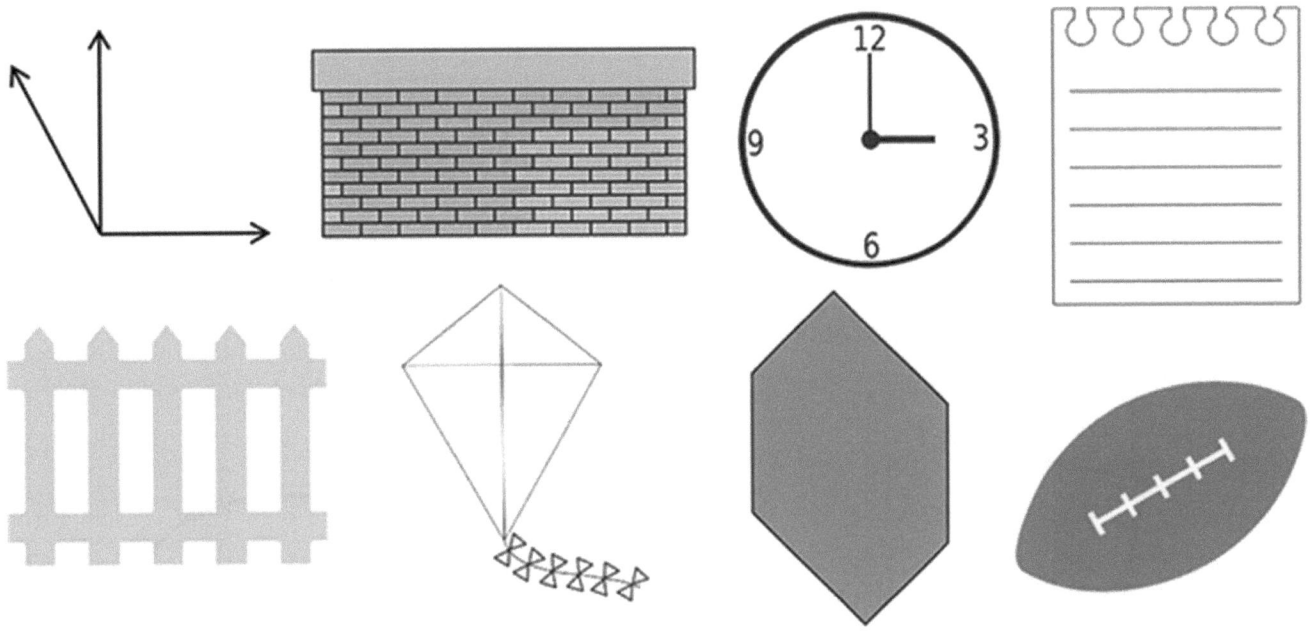

2. 如何知道两条线是否垂直？

3. 在下方的正方形和三角形网格中，使用每个网格中给出的线段，使用直角尺画垂直的线段。

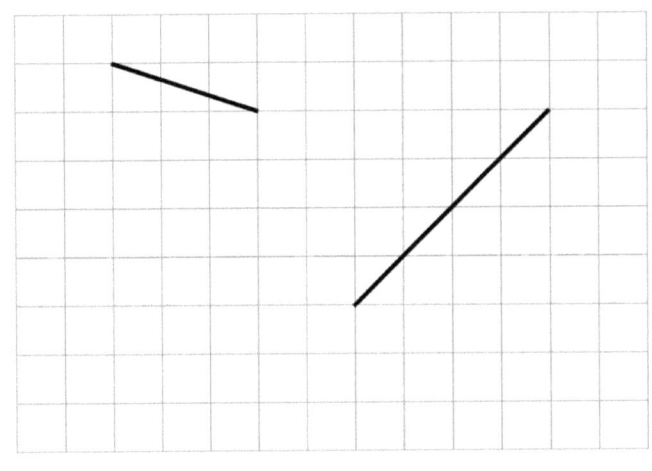 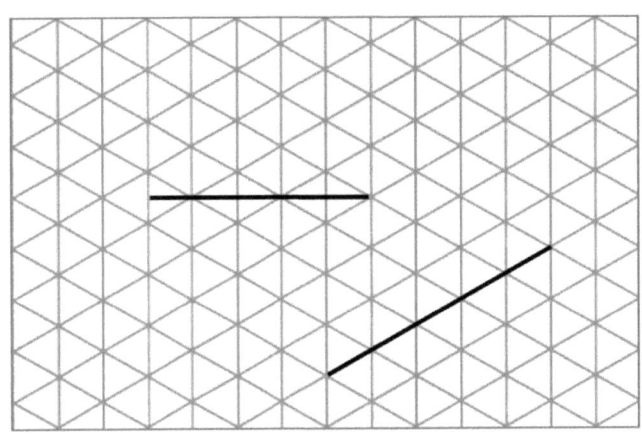

4. 使用你在课堂上创建的直角模板确定以下哪些图形里有直角。用一个小正方形标记每个直角。对于找到的每个直角，命名相应的一对垂直边。（习题4(a)已经为你开始了。）

a.

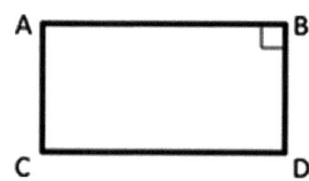

$\overline{AB} \perp \overline{BD}$

b.

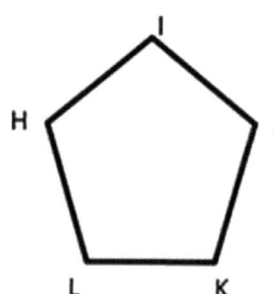

c.

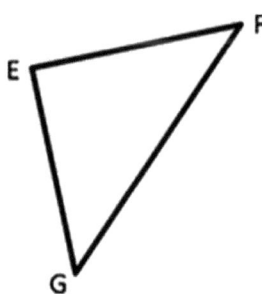

d.

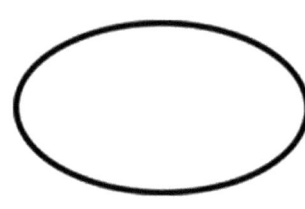

e.

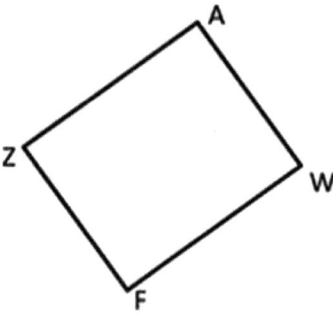

f.

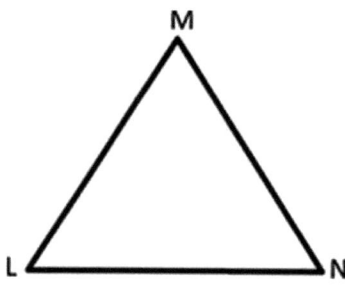

g.

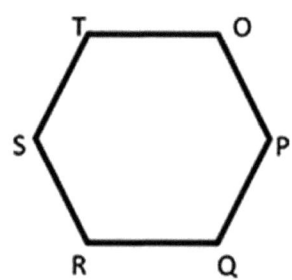

h.

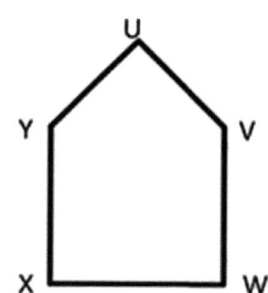

5. 用一个小正方形标记以下图形中的每个直角。(注意：直角不必在图形内部。) 此图有几对垂直边？

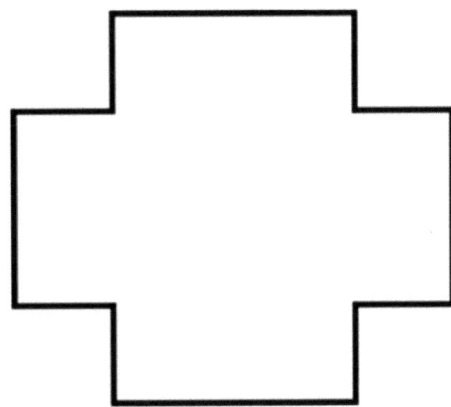

6. 对或错？有至少一个直角的图形也有至少一对儿垂直边。解释你的想法。

姓名 _____ 日期 _____

使用直角模板测量以下图形中的角度。用一个小正方形标记每个直角。然后命名所有的垂直边对。

1.

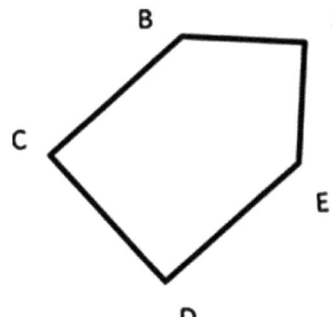

$\overline{BC} \perp$ _____

2.

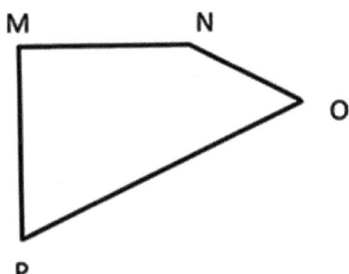

$\overline{MN} \perp$ _____

观察字母R、E、A、L。

真 实

a. 有多少线是垂直的？描述它们。

b. 这里有多少锐角？描述它们。

c. 这里有多少钝角？描述它们。

阅读   绘画   编写

第4课： 识别，定义和画平行线。

姓名 _____   日期 _____

1. 在每个物体上，描出至少一对看起来平行的线。

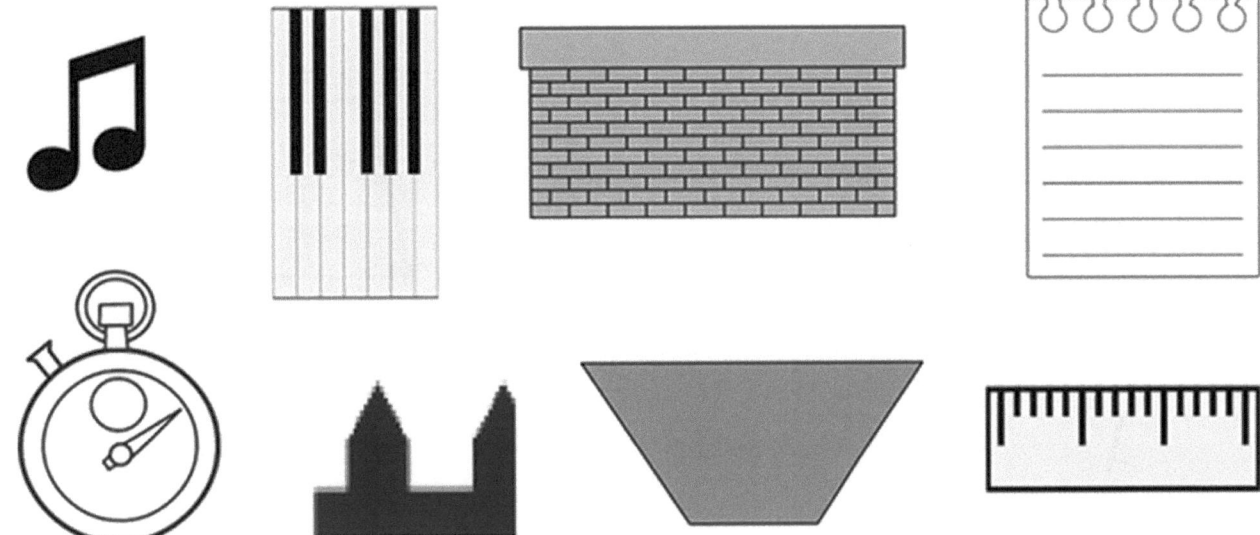

2. 如何知道两条线是否平行？

3. 在下面的正方形和三角形网格中，使用每个网格中给定的线段绘制一条平行的线段，绘制时使用直尺。

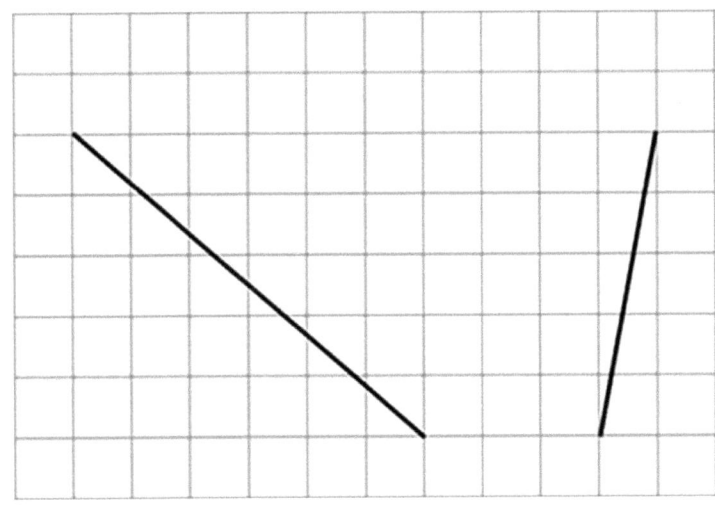 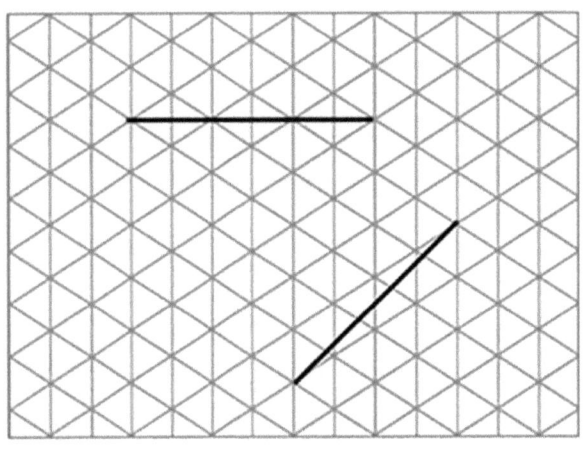

4. 使用直尺和你创建的直角模板，确定以下哪些图形里有平行的边。圈出具有至少一对平行边的图形的字母。用箭头标出每对平行边，然后用4(a)中的模式句子识别平行边。

 a.

$\overline{AB} \parallel \overline{CD}$

b.

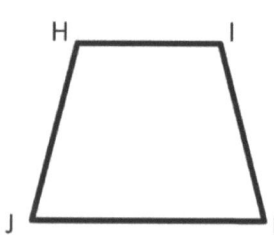

c.

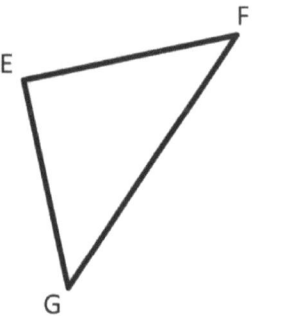

d.

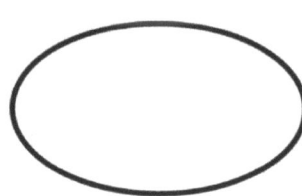

e.

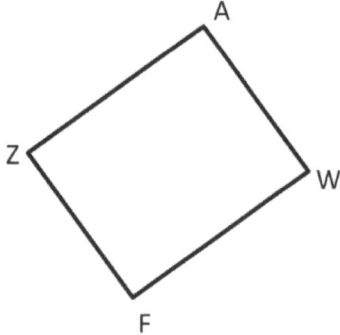

f.

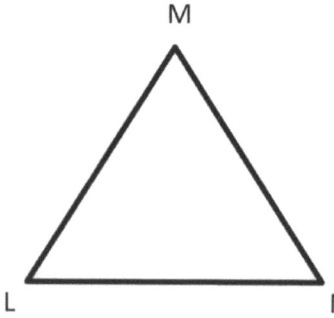

g.

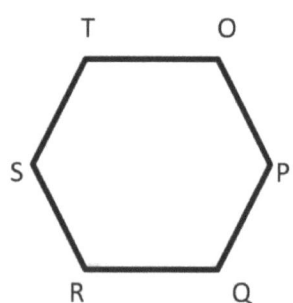

h.

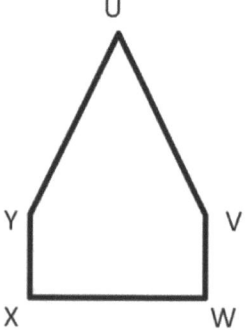

5. 对或错？三角形不会有平行边。解释你的想法。

6. 解释为什么 $\overline{AB}$ 和 $\overline{CD}$ 是平行的，但是 $\overline{EF}$ 和 $\overline{GH}$ 不是。

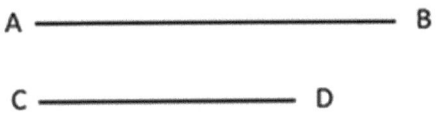 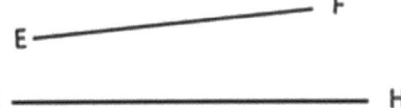

7. 使用直尺画一条线。现在，使用直角模板和直尺构造一条与你绘制的第一条线平行的线。

姓名 _____   日期 _____

看以下线对儿。识别它们是否平行、垂直,或交叉。

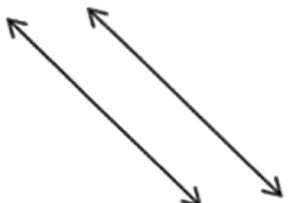

1. _____

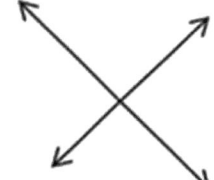

2. _____

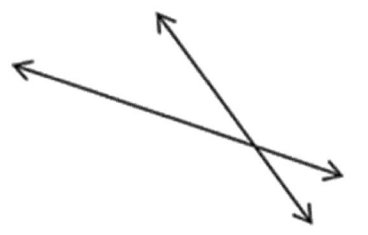

3. _____

4. _____

在圆形的上面放直角模板,确定在圆心可以容纳多少个直角。(不允许重叠。)

可以容纳多少个直角?

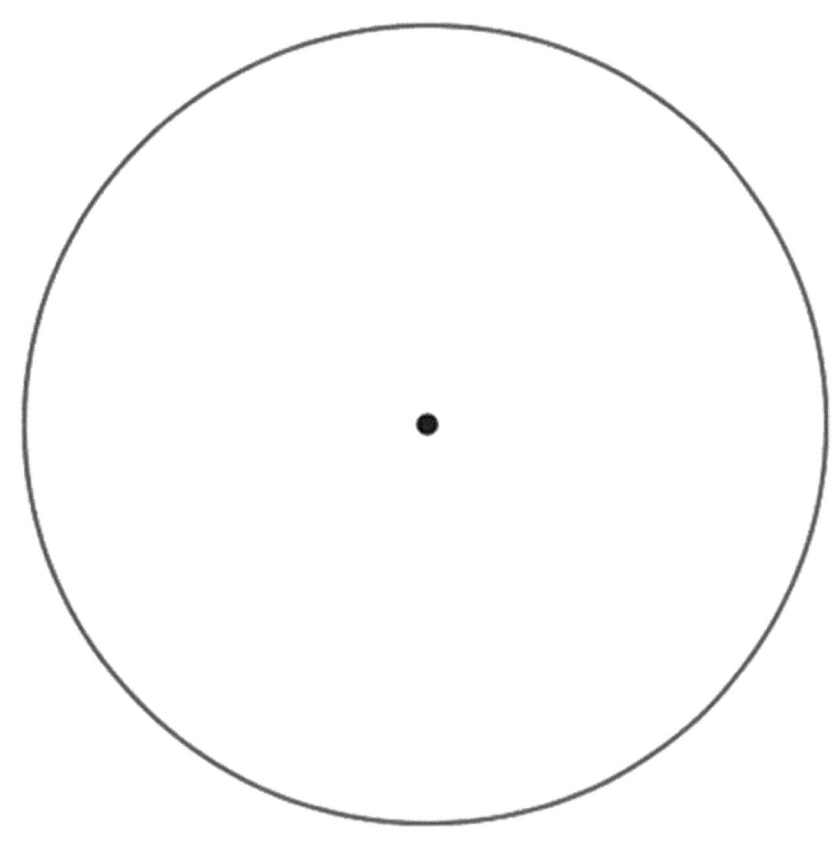

_____

_____

_____

阅读　　　　绘画　　　　编写

姓名 _____   日期 _____

1. 测量你画的基准角，记录为表格，从A集开始。四舍五入每个角度值到最接近的5°。两个集已经为你开始了。

   a. A集：45°, 90°,

   b. B集：30°, 60°,

2. 圈出来两个单子上都出现的任何角度值。你注意到它们的什么？

3. 列出习题1中是锐角的角度值。当你说它的角度值时，用手指描每个角度。

4. 列出习题1中是钝角的角度值。当你说它的角度值时，用手指描每个角度。

5. 我们今天发现1°是转一圈的 $\frac{1}{360}$ 一部分。它是360°中的1，这意味着2°角是转一圈的 $\frac{2}{360}$ 一部分。你在习题1中列出的每个基准角是转一圈的什么比例？

6. 转一整圈要用多少个45°角？

7. 转一整圈要用多少个30°角？

8. 如果你没有量角器，你如何重构1/4(25°角)，从0°到90°？

单位的故事 第5课课堂反馈条 4•4

姓名 _____ 日期 _____

1. 多少个直角做成一整圈？

2. 直角的度数是多少？

3. 一整圈的多少比例是1°？

4. 说出至少4个基准角度值。

第5课： 使用圆形量角器理解$\frac{1}{360}$转动1度角。使用量角器探索基准角度。

切出下一页模板上的圆。按自己所想折叠圆A和圆B，做个直角模板。描折叠的垂直线。在每个圆心你看到多少个直角？圆的大小有影响吗？

_____

_____

_____

阅读　　　　　绘画　　　　　编写

单位的故事

第6课应用题 4•4

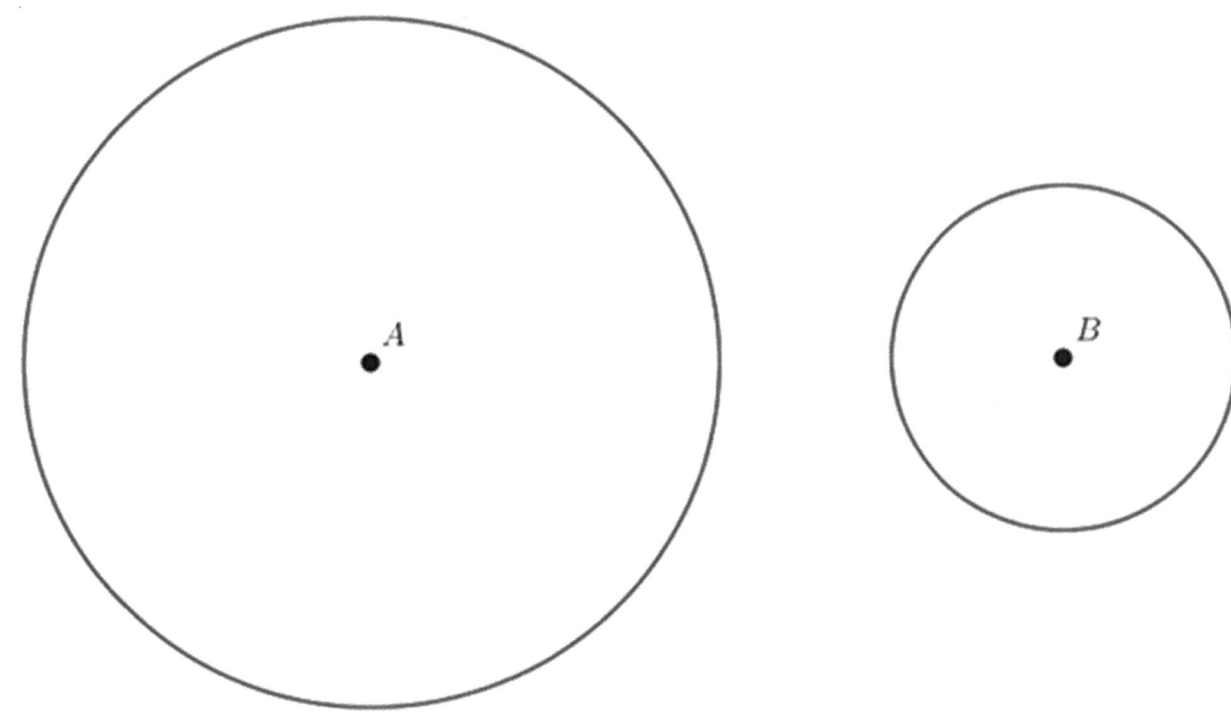

阅读　　　绘画　　　编写

第6课： 使用各种量角器来区分角度测量和长度测量。

| 单位的故事 | 第6课练习页 | 4•4 |

姓名 _____ 日期 _____

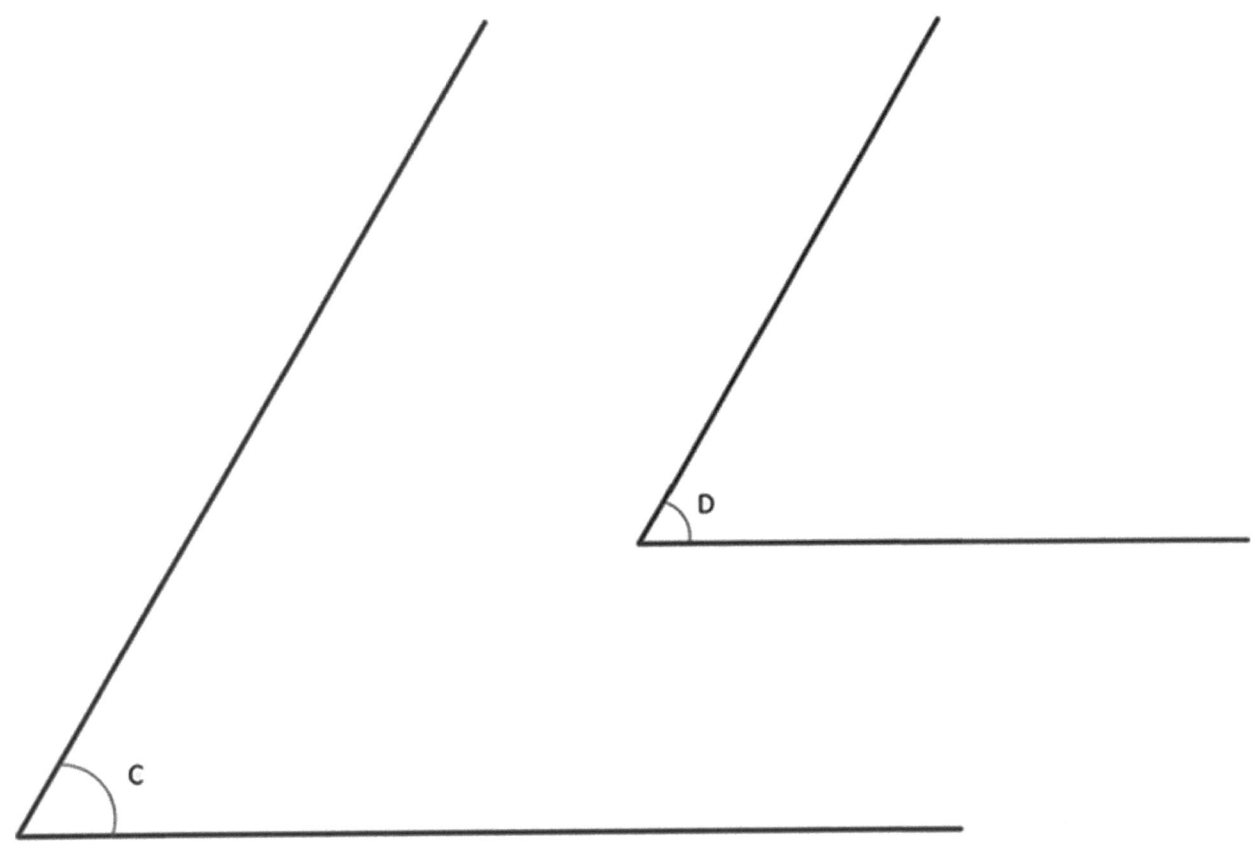

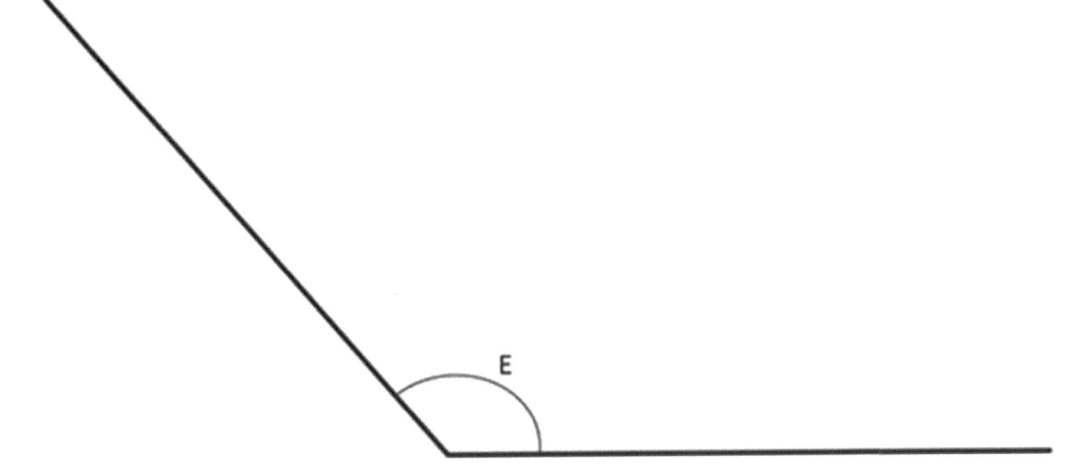

第6课： 使用各种量角器来区分角度测量和长度测量。

姓名 _____   日期 _____

1. 使用量角器测量角，然后以度为单位记录测量值。

   a.

   b.

   c.

   d.

e.

f.

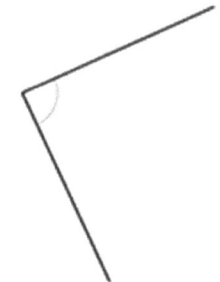

g.

h.

i.

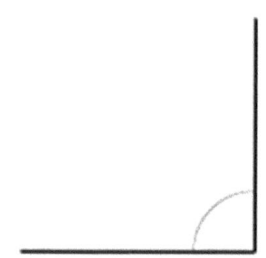

j.

2. a. 使用3个不同大小的量角器测量角度。如有必要,使用直尺来延长线。

量角器 #1:_____°

量角器 #2:_____°

量角器 #3:_____°

b. 使用每个量角器以上角度的测量值你注意到什么?

3. 使用量角器测量每个角。根据需要延长线段的长度。延伸线段时,角的测量值是否保持不变? 解释你怎么知道的。

a.

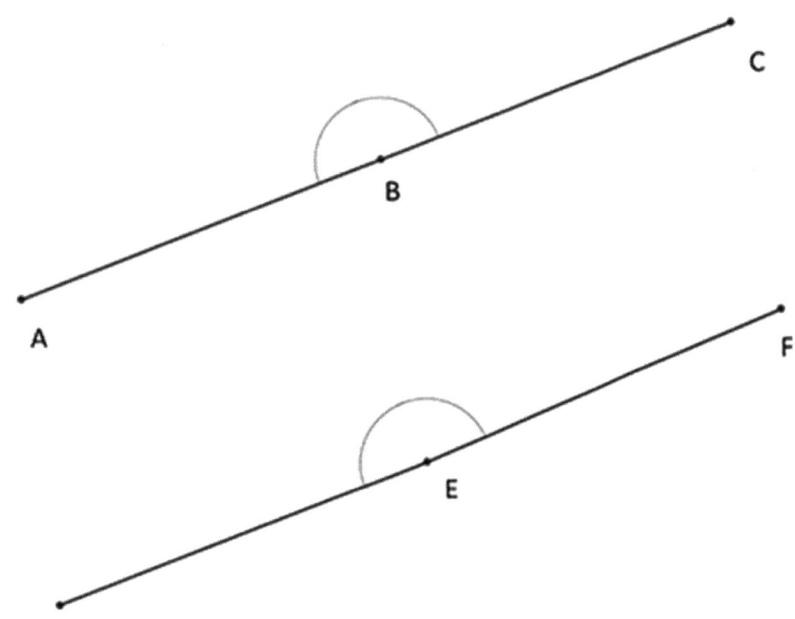

b.

姓名 _____ **日期** _____

使用任何量角器测量这些角度，然后以度为单位记录这些测量值。

1.

2.

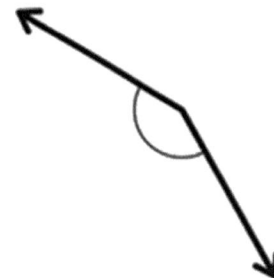

3.

4.

使用你的直角模板预测∠XYZ的角度。然后使用圆形量角器和平角量角器测量出∠XYZ的精确角度。

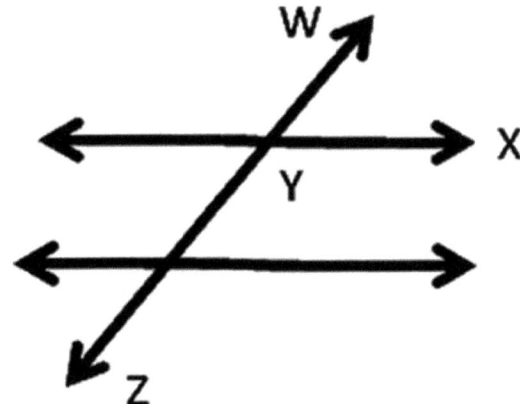

_____

_____

_____

阅读　　　　绘画　　　　编写

第7课： 测量和绘制角。猜测给定的角的度数，并用量角器验证。

姓名 _____   日期 _____

图 1

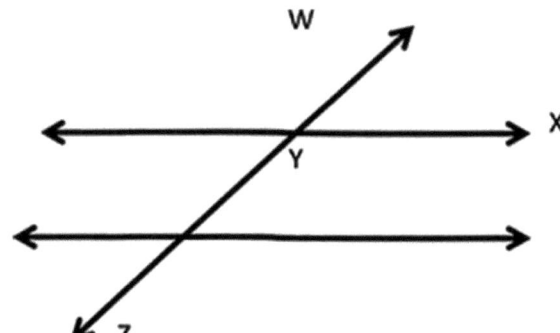

图 2

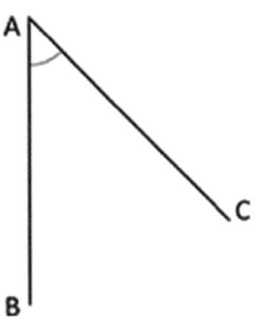

图 3

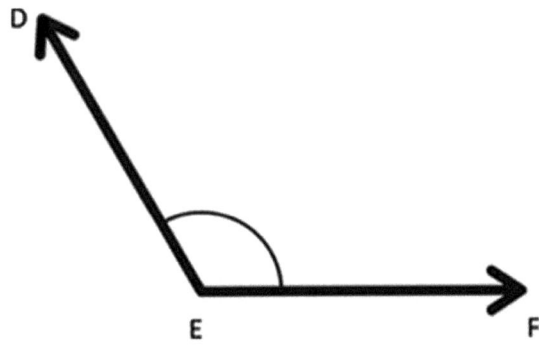

图 4

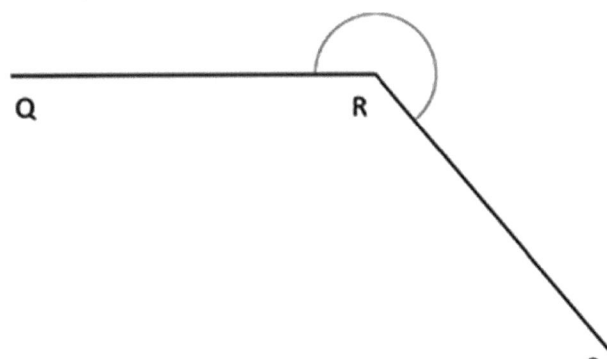

第7课： 测量和绘制角。猜测给定的角的度数，并用量角器验证。

姓名 _____　　　日期 _____

画出给定度数的角。对于习题1-4，使用所示的射线作为角的射线之一，其端点作为角的顶点。画一条弧线表示测量的角。

1. 30°　　　　　　　　　　　　　　　　2. 65°

3. 115°　　　　　　　　　　　　　　　　4. 135°

5. 5°

6. 175°

7. 27°

8. 117°

9. 48°

10. 132°

单位的故事　　　　　　　　　　　　　　　　　　　　　　　　　　第7课课堂反馈条　4•4

姓名 _____　　**日期** _____

画出给定度数的角。画一条弧线表示测量的角。

1. 75°

2. 105°

3. 81°

4. 99°

第7课：　测量和绘制角。猜测给定的角的度数，并用量角器验证。

画一系列钟表，显示12:00, 3:00, 6:00, 和 9:00。用弧线来识别角度，并估计用双手在钟表上搭成的角度。

阅读　　　　绘画　　　　编写

第8课：　识别并测量转动的角，并在各种情况下识别它们。

姓名 _____   日期 _____

1. 乔,史蒂夫和鲍勃站在院子的中间,面对房子。乔右转90°. 史蒂夫右转180°. 鲍勃右转270°. 说出每个男孩现在面对的物体。

   乔 _____

   史蒂夫 _____

   鲍勃 _____

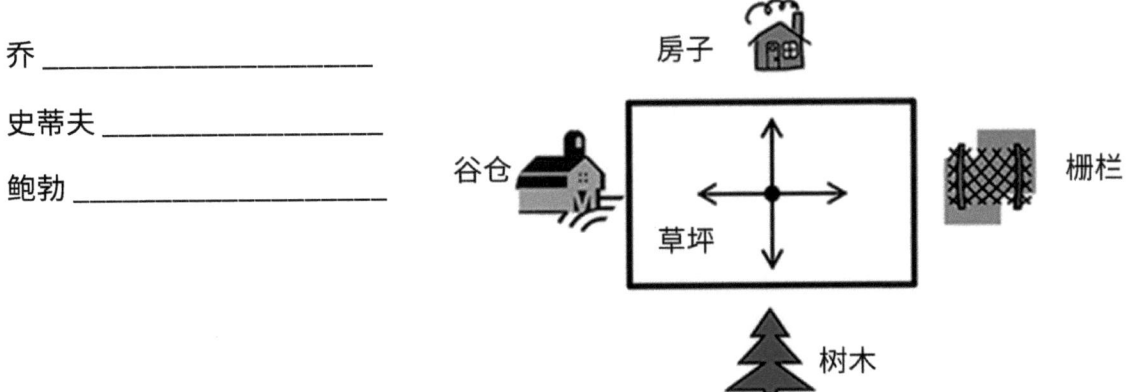

2. 莫妮卡在课堂开始和结束时看钟表。从上课开始到结束,分针转动了多少度?

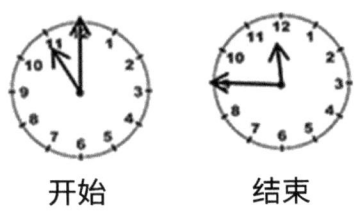

3. 滑雪选手跳入空中,转体360°。这意味着什么?

4. 马丁先生驾车从房子离开,忘了带钱包。他转了180°。他现在去向哪里?

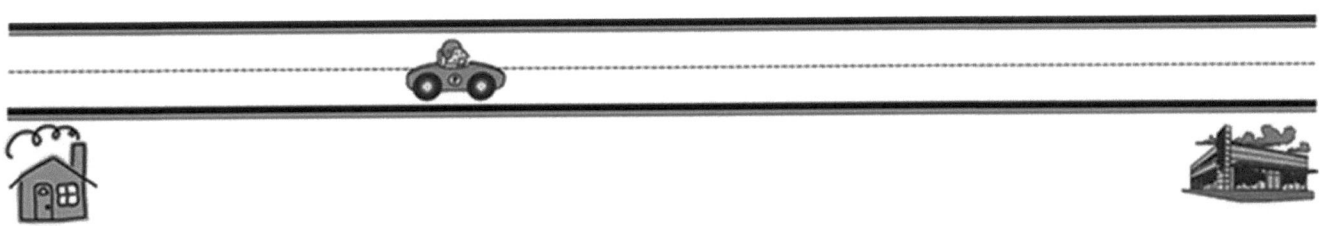

5. 约翰向右转动淋浴旋钮270°。画一幅图来显示旋钮转动后的位置。

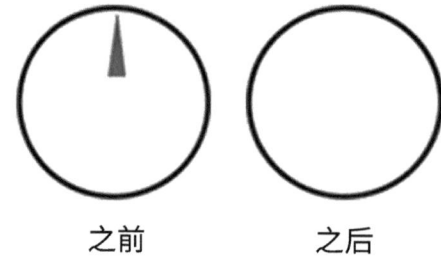

之前　　　之后

6. Barb用剪刀从报纸上剪下一个优惠券。为了保持在线上,她需要转动报纸多少个1/4转?

7. 图片需要旋转多少个四分之一圈才能竖直向上?

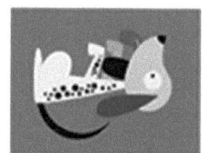

8. Meredith面对北方。她向右转90°,然后再转180°。她现在面对哪个方向?

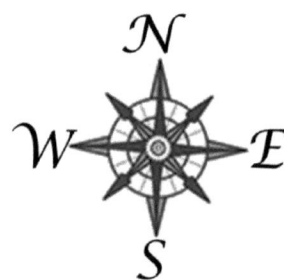

姓名 _____   日期 _____

1. Marty在做头手倒立。描述他的身体会转多少度才能再次竖直向上？

2. Jeffrey在 ★ ...开始骑自行车。他向北骑3个街区，然后右转90°，骑2个街区。他面向哪个方向？在以下网格草绘他的路线。每个正方形单位代表一个街区。

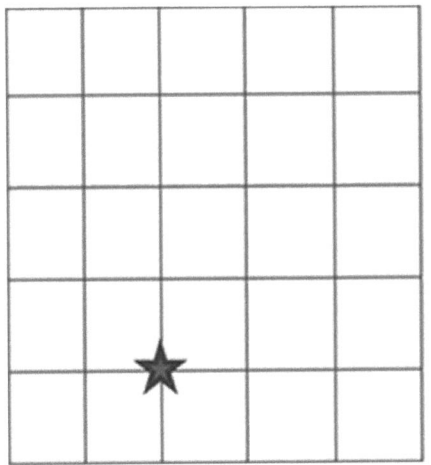
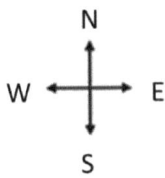

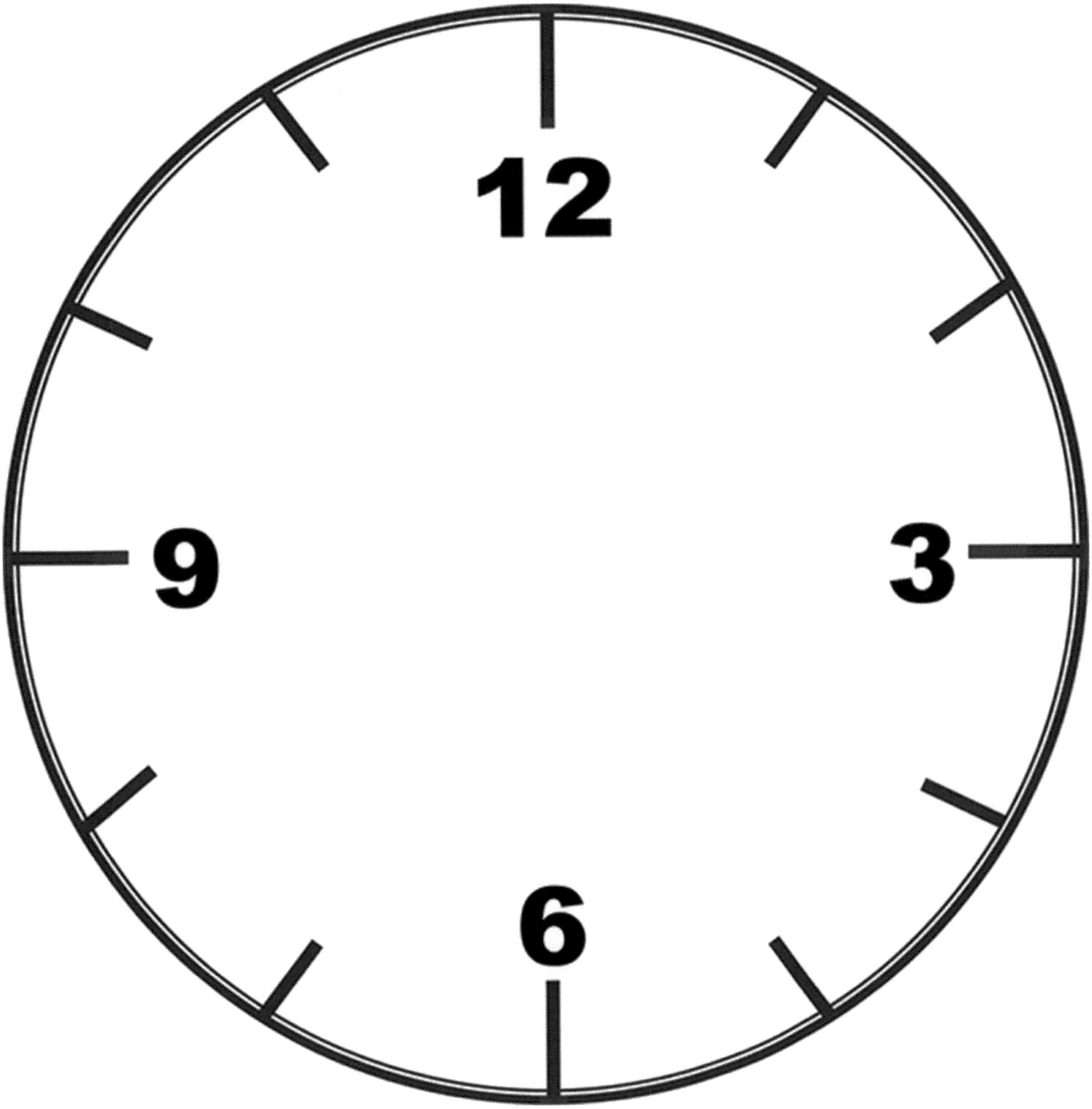

钟表

第8课: 识别并测量转动的角，并在各种情况下识别它们。

列出钟表上的时间,其时针和分针之间的角度为90°。使用量角器确认你的作业。

警惕这个错误概念:为什么在3:30指针不按期望形成90°角?

阅读　　　　绘画　　　　编写

第9课： 　　使用图案块分解角。

姓名 _____ 日期 _____

1. 完成这张表。

图案块	围绕1个顶点的所有数字	一个内角值	围绕一个顶点的角的总和
a. 正方形		360° ÷ ____ = ____	____ + ____ + ____ + ____ = 360°
b. 三角形			
c. 六边形			____ + ____ + ____ = 360°
d. 菱形（锐角）			
e. 菱形（钝角）			
f. 菱形（锐角）			

第9课： 使用图案块分解角。

单位的故事　　　　　　　　　　　　　　　　　　　　　　　　　　第9课习题集　4•4

2. 测量出弧线显示的角度的度数。

图案块	角度数	加法
a. 图形 ABC		
b. 图形 DEF		
c. 图形 HIJ		

3. 使用两个或更多图案块猜测弧线显示的角度的度数。

图案块	角度数	加法
a. 图形 L		
b. 图形 O		
c. 图形 R		

第9课： 使用图案块分解角。

姓名 _____   日期 _____

1. 描述和草绘蓝色菱形块形成平角的两个组合。

2. 描述和草绘绿色三角和黄色六边形图案块形成平角的两个组合。

第9课： 使用图案块分解角。

使用相同形状或不同形状的图案块，构建平角。你使用了哪个形状？哪个图案块你可以添加到你现有的形状，以创建270°角？你如何判断？

阅读　　　　绘画　　　　编写

姓名 _____ 日期 _____

写一个公式，求解∠x的度数。使用量角器验证测量值。

1. ∠CBA是个直角。

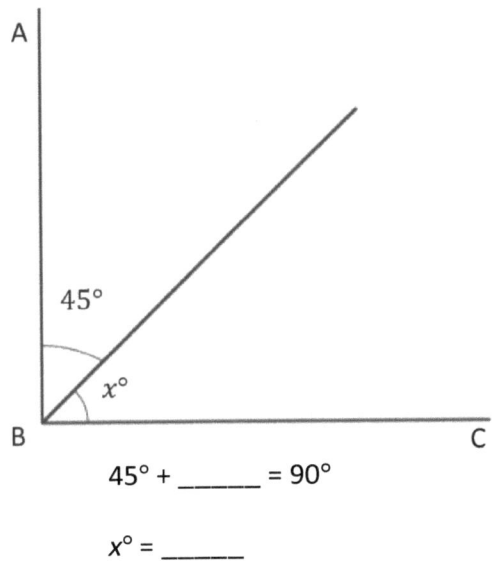

45° + _____ = 90°

x° = _____

2. ∠GFE是个直角。

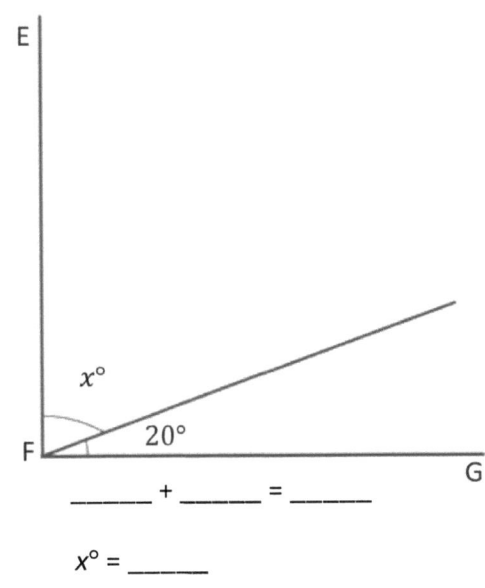

_____ + _____ = _____

x° = _____

3. ∠IJK是个平角。

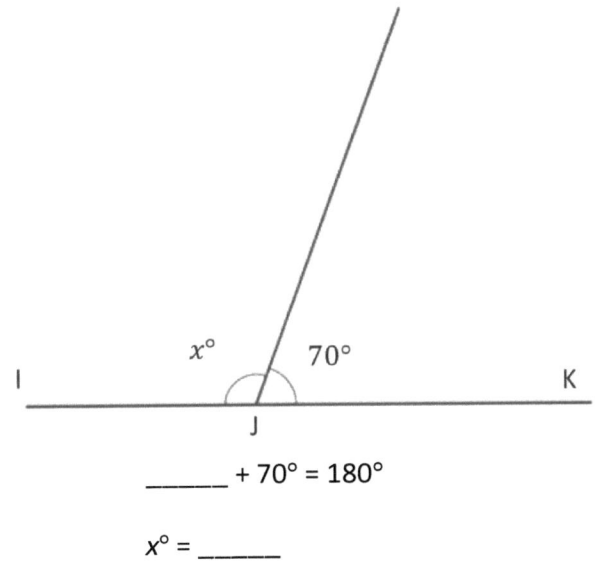

_____ + 70° = 180°

x° = _____

4. ∠MNO是个平角。

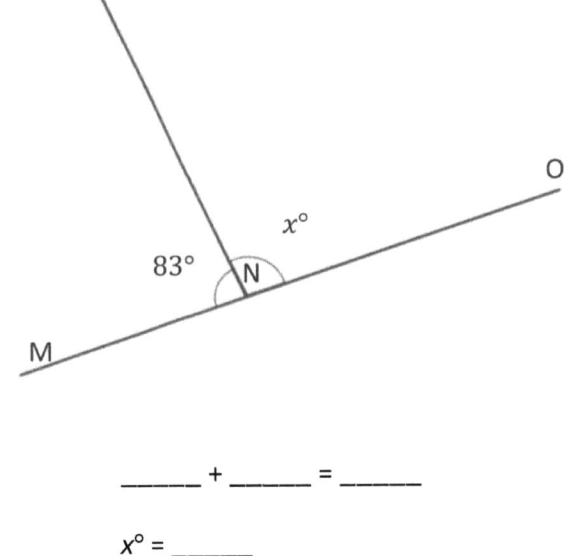

_____ + _____ = _____

x° = _____

求解未知角度值。写一个方程解题。

5. 求解∠TRU的度数。
   ∠QRS是个平角。

6. 求解∠ZYV的度数。
   ∠XYZ是个平角。

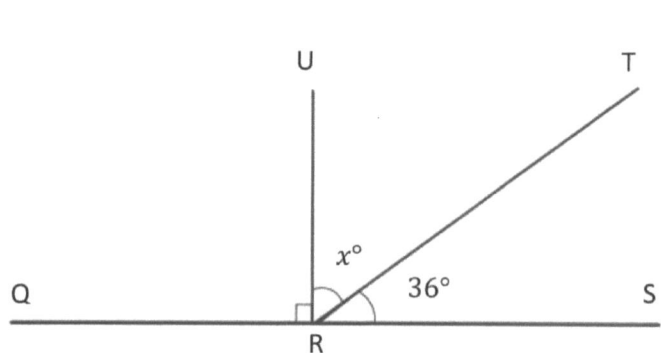

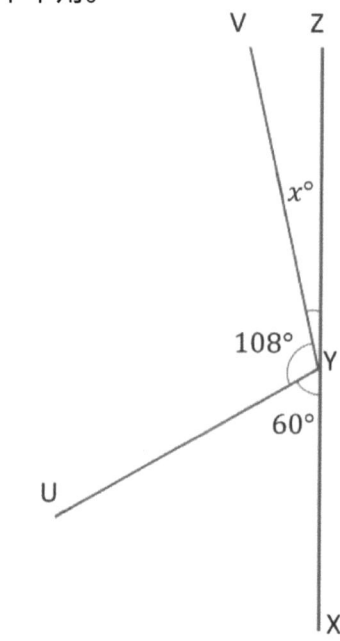

7. 在以下图形，ACDE是长方形。不使用量角器，确定∠DEB的角度。写一个可以用来求解该习题的方程式。

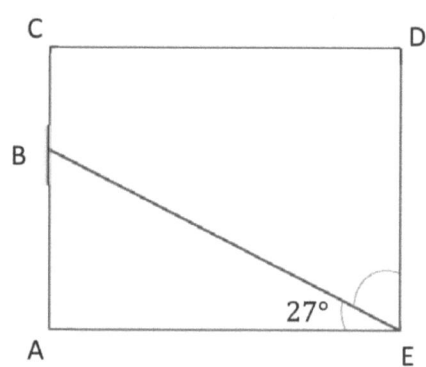

8. 在右侧的空格中完成以下指示。

   a. 画2个点：M和N。使用直尺，画 $\overleftrightarrow{MN}$。
   b. 把点O放在点M和点N之间的某个地方。
   c. 画点P，不在其上 $\overleftrightarrow{MN}$。
   d. 画 $\overline{OP}$。
   e. 测出∠MOP 和 ∠NOP的度数。
   f. 编写一个方程式来表示角加入平角的测量值。

姓名 _____   日期 _____

写一个方程式,求解 x。∠TUV是平角。

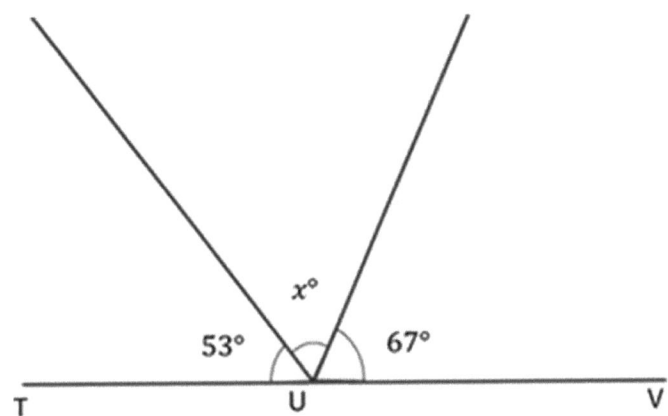

方程式:_____

$x°$ = _____

使用不同形状的图案块创建一个设计，从中你可以看到360°的分解。你使用哪个形状？写一个方程式显示你如何分解360°。

阅读　　　　绘画　　　　编写

姓名 _____ **日期** _____

编写一个方程式,并用数值方法求解未知的角的测量值。

1.

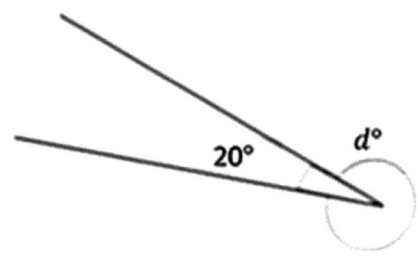

_____° + 20° = 360°

$d° =$ _____°

2.

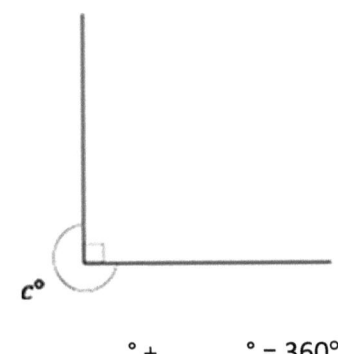

_____° + _____° = 360°

$c° =$ _____°

3.

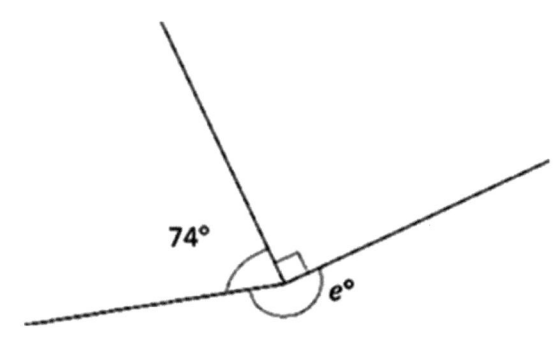

_____° + _____° + _____° = _____°

$e° =$ _____°

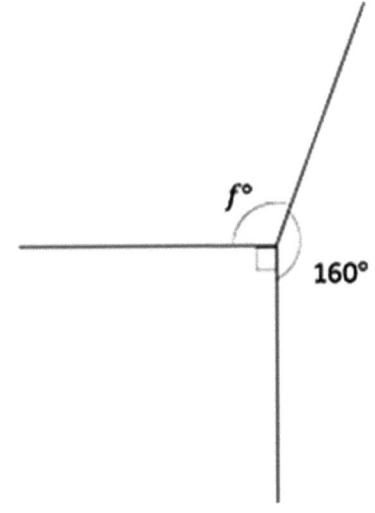

_____° + _____° + _____° = _____°

$f° =$ _____°

编写一个方程式,并用数值方法求解未知的角。

5. O是$\overline{AB}$和$\overline{CD}$的交点。
   ∠DOA是160°,而∠AOC是20°。

   $x° =$ _____ $y° =$ _____

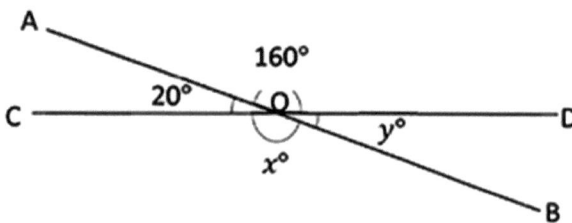

6. O是$\overline{RS}$和$\overline{TV}$的交叉点。
   ∠TOS是125°

   $g° =$ _____ $h° =$ _____ $i° =$ _____

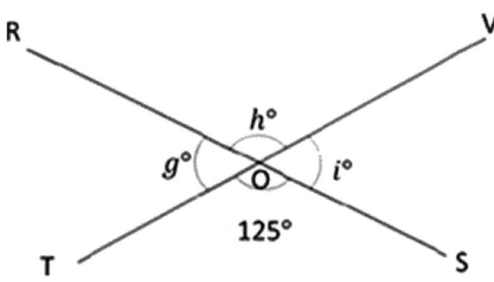

7. O是$\overline{WX}$,$\overline{YZ}$和$\overline{UO}$的交点。
   ∠XOZ是36°

   $k° =$ _____ $m° =$ _____ $n° =$ _____

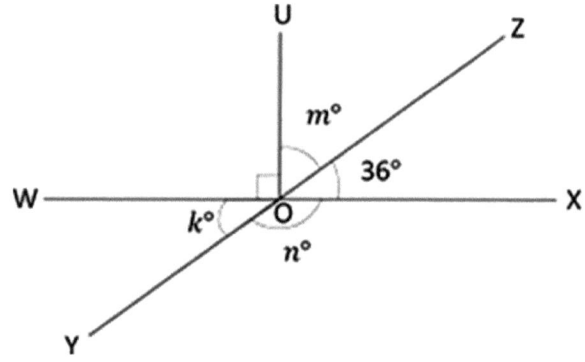

姓名 _____   日期 _____

写一个方程式，用变量表示未知角的度数。用数字方式得出未知角的度数。

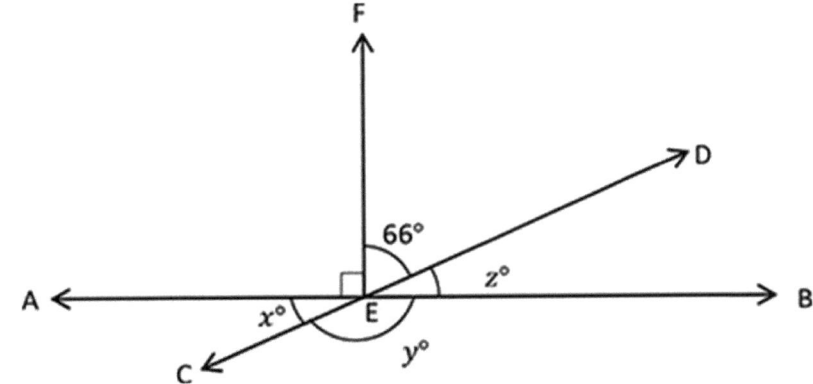

1. $x° =$

2. $y° =$

3. $z° =$

沿着下一页模板中的点状线剪开,并展开图形。注意折叠线的每边如何匹配。按另一种方式折叠,看看边是否匹配。观察图形的属性,写出你观察的概要。

_____

_____

_____

_____

_____

_____

_____

_____

_____

_____

阅读　　　　绘画　　　　编写

第12课：　　识别给定二维图形的对称线。识别线对称的图形,并绘制对称线。

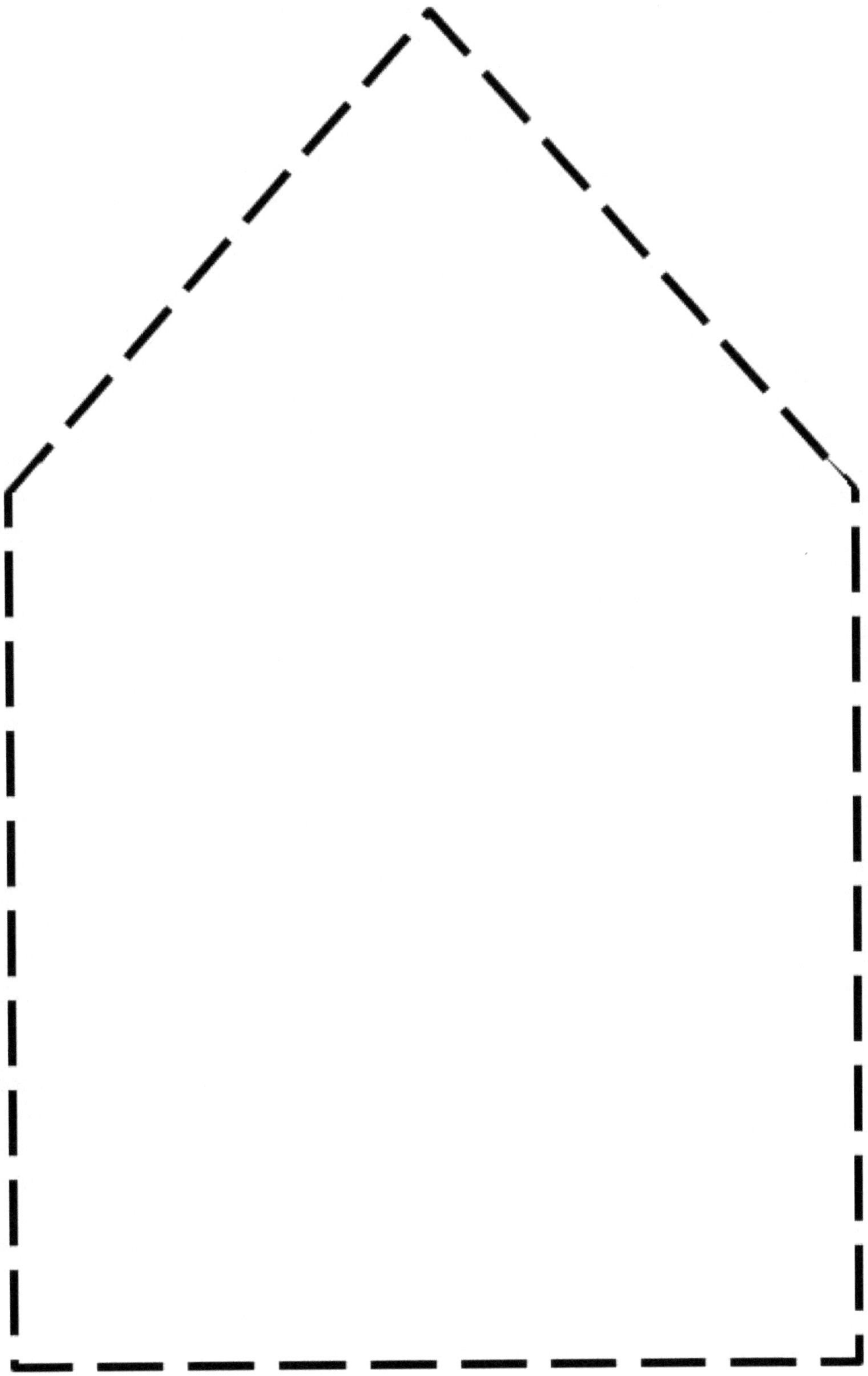

单位的故事　　　　　　　　　　　　　　　　　　　　　　　　第12课模板1　4•4

五边形

第12课：　识别给定二维图形的对称线。识别线对称的图形，并绘制对称线。

姓名 _____ 日期 _____

1. 圈出已绘制正确对称线的图形。

   a. 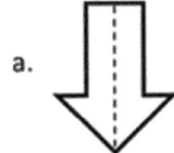　　b. 　　c. 　　d.

2. 找到并画出下列图形的所有对称线。在图形下方的空白处写出找到的对称线的数量。

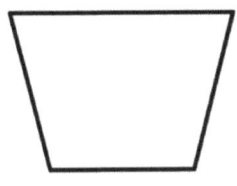

a. _____

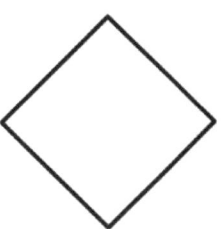

b. _____

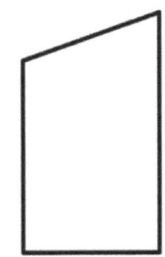

c. _____

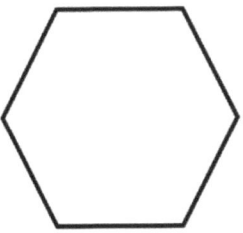

d. _____

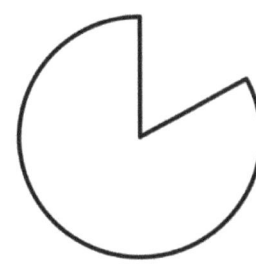

e. _____

f. _____

g. _____

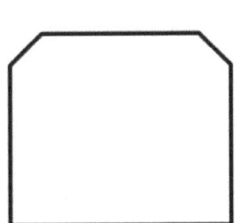

h. _____

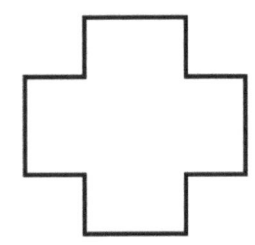

i. _____

3. 下面每个图的一半已画出。使用虚线表示的对称线来完成每个图形。

   a.
   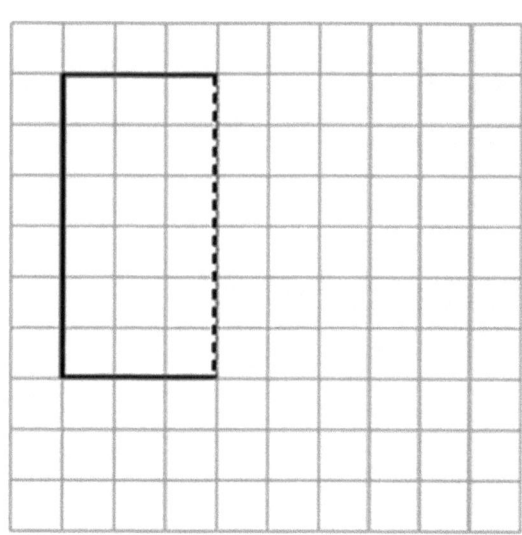

   b.
   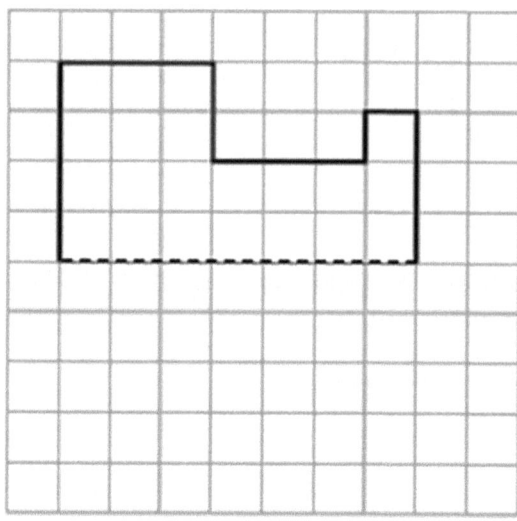

   c.
   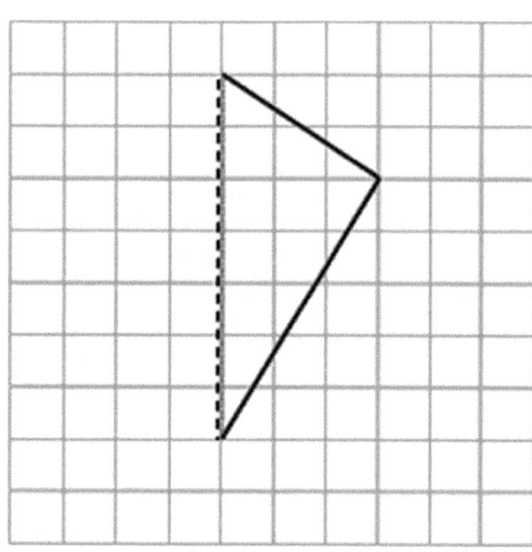

   d.
   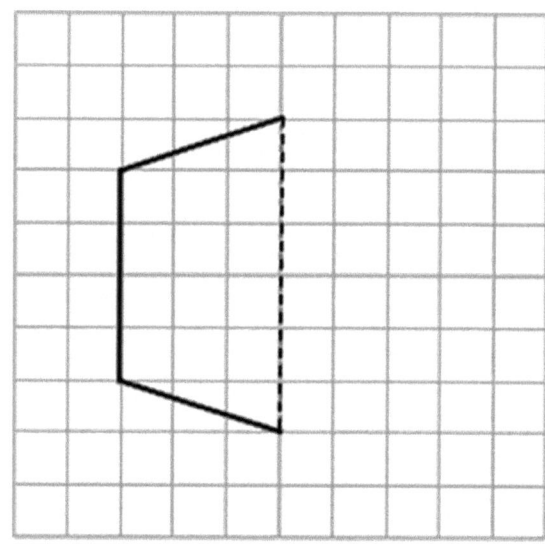

4. 以下图形是个圆。这个图形有多少条对称线？说明。

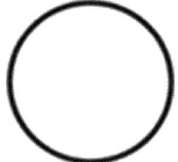

姓名 _____   日期 _____

1. 画的这条线是对称线吗? 圈选您的选择。

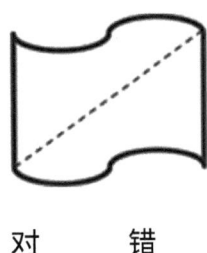　　　　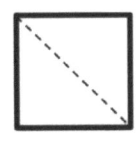　　　　

　　对　　错　　　　　　　　对　　错　　　　　　　　对　　错

2. 在以下图形画出你能找到的尽可能多的对称线。

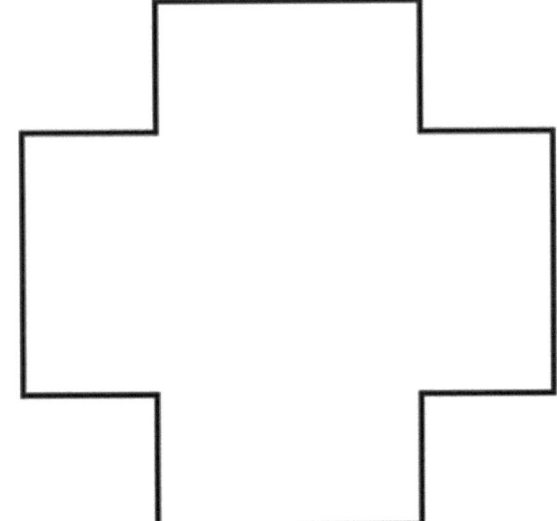

单位的故事 第12课模板2

图 1

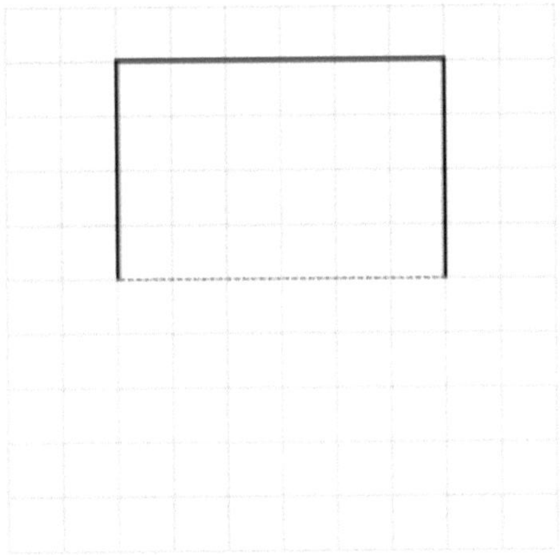

图 2

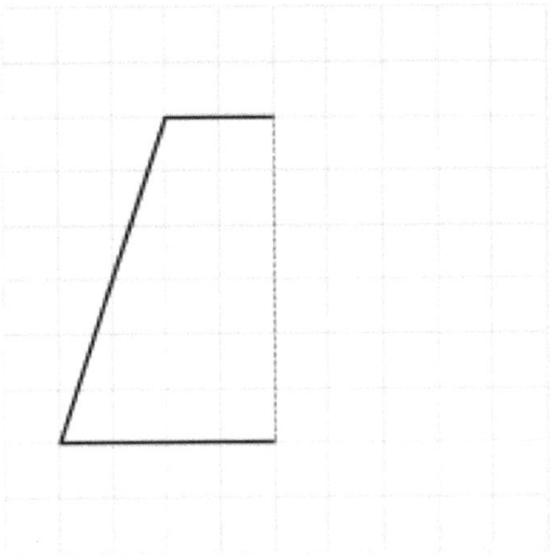

_____

对称线

第12课： 识别给定二维图形的对称线。识别线对称的图形，并绘制对称线。

沿着下一页模板中的点状线剪开。折叠三角形A、B和C，以显示它们的对称线。使用直尺描每个折叠线。观察对称图形与角和边长的关系。写出你观察的概要。

_____
_____
_____
_____
_____
_____
_____
_____
_____
_____
_____

          阅读   **绘画**   **编写**

第13课： 根据边长和/或角度测量值对三角形进行分析和分类。

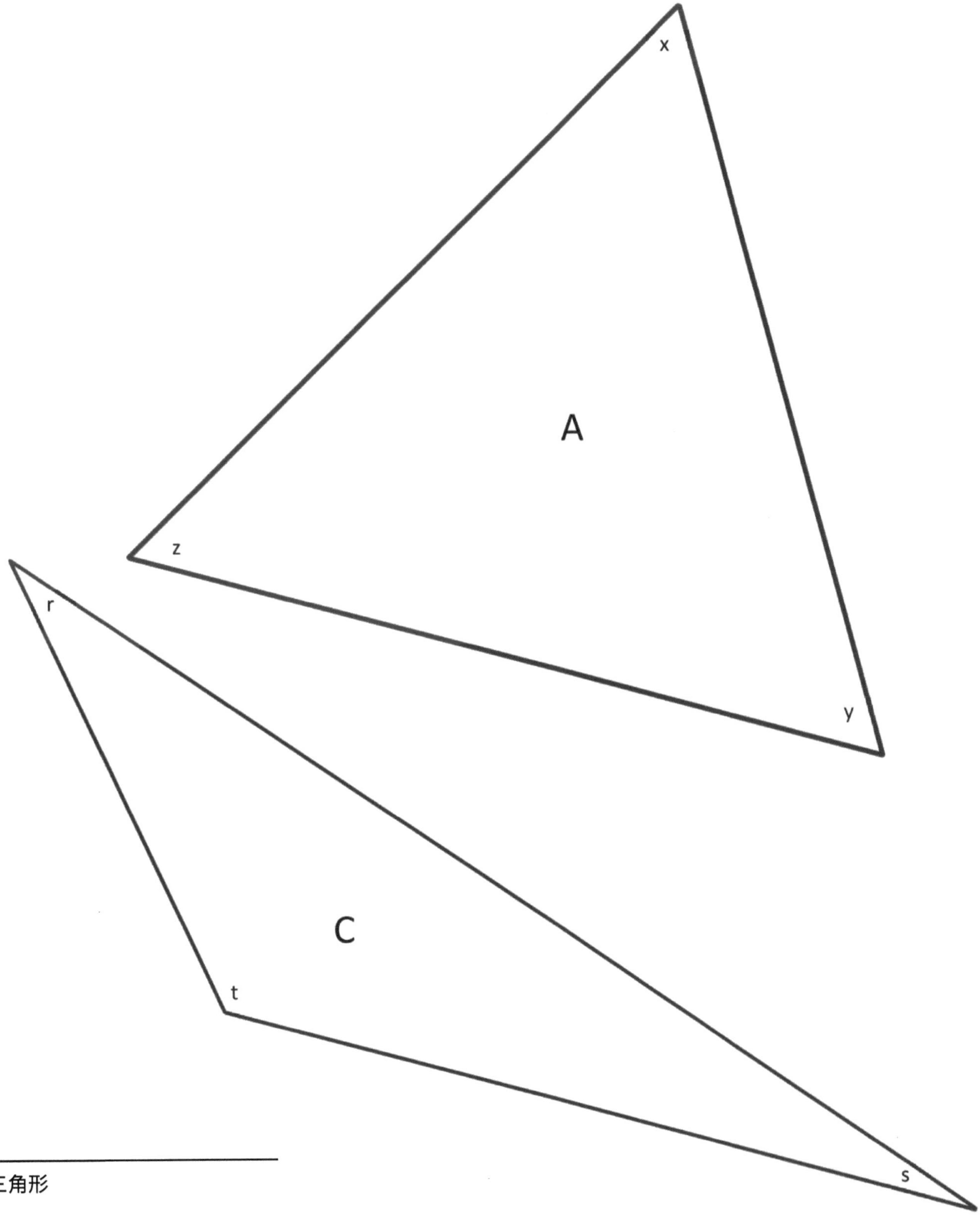

三角形

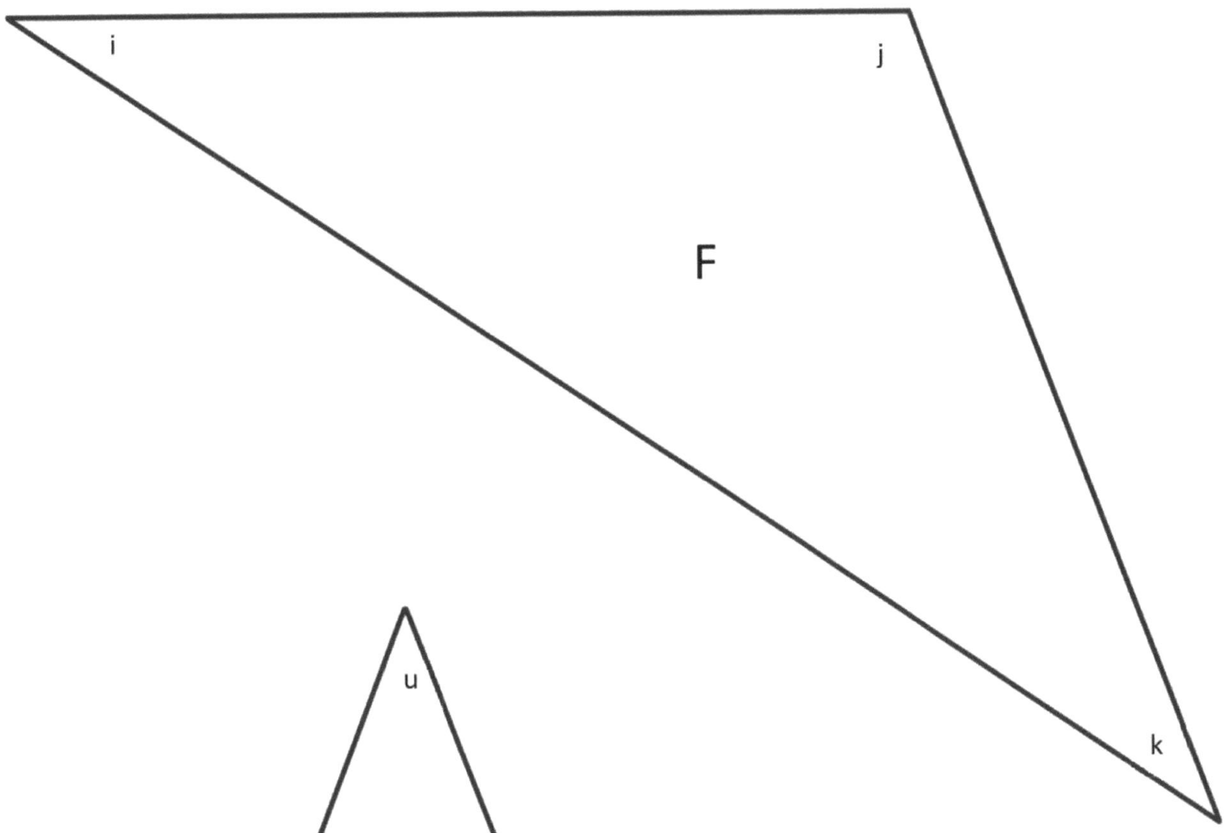

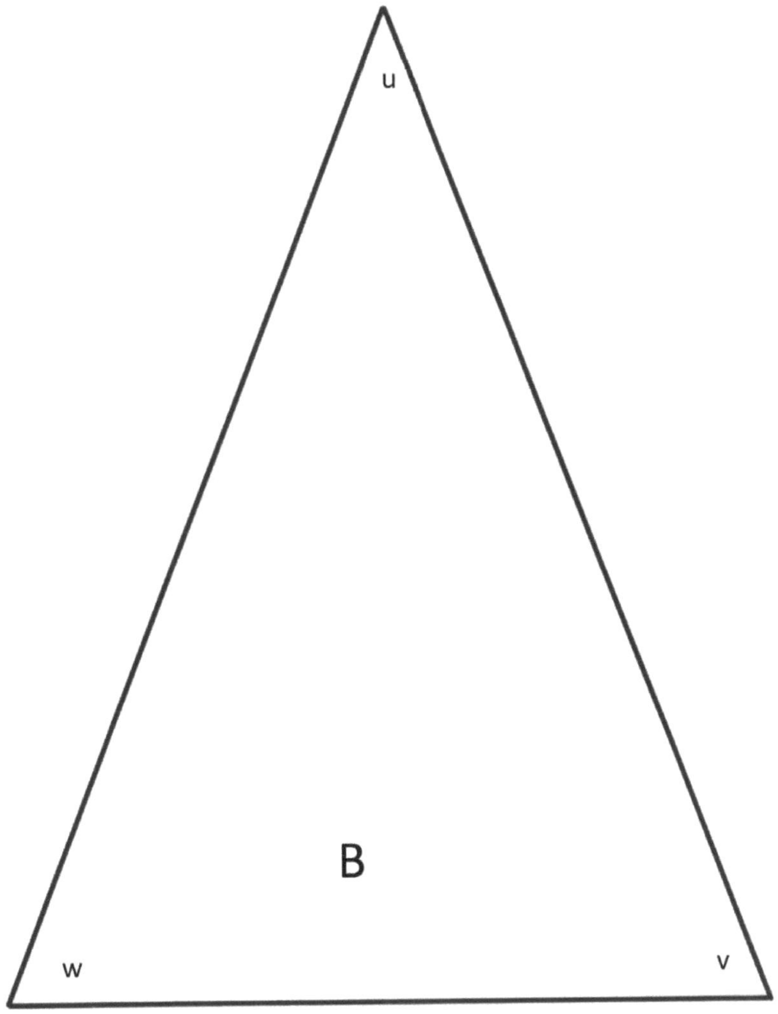

单位的故事 第13课模板 4•4

F

u

B

w　　　　　　　　　v

_____
三角形

第13课： 根据边长和/或角度测量值对三角形进行分析和分类。

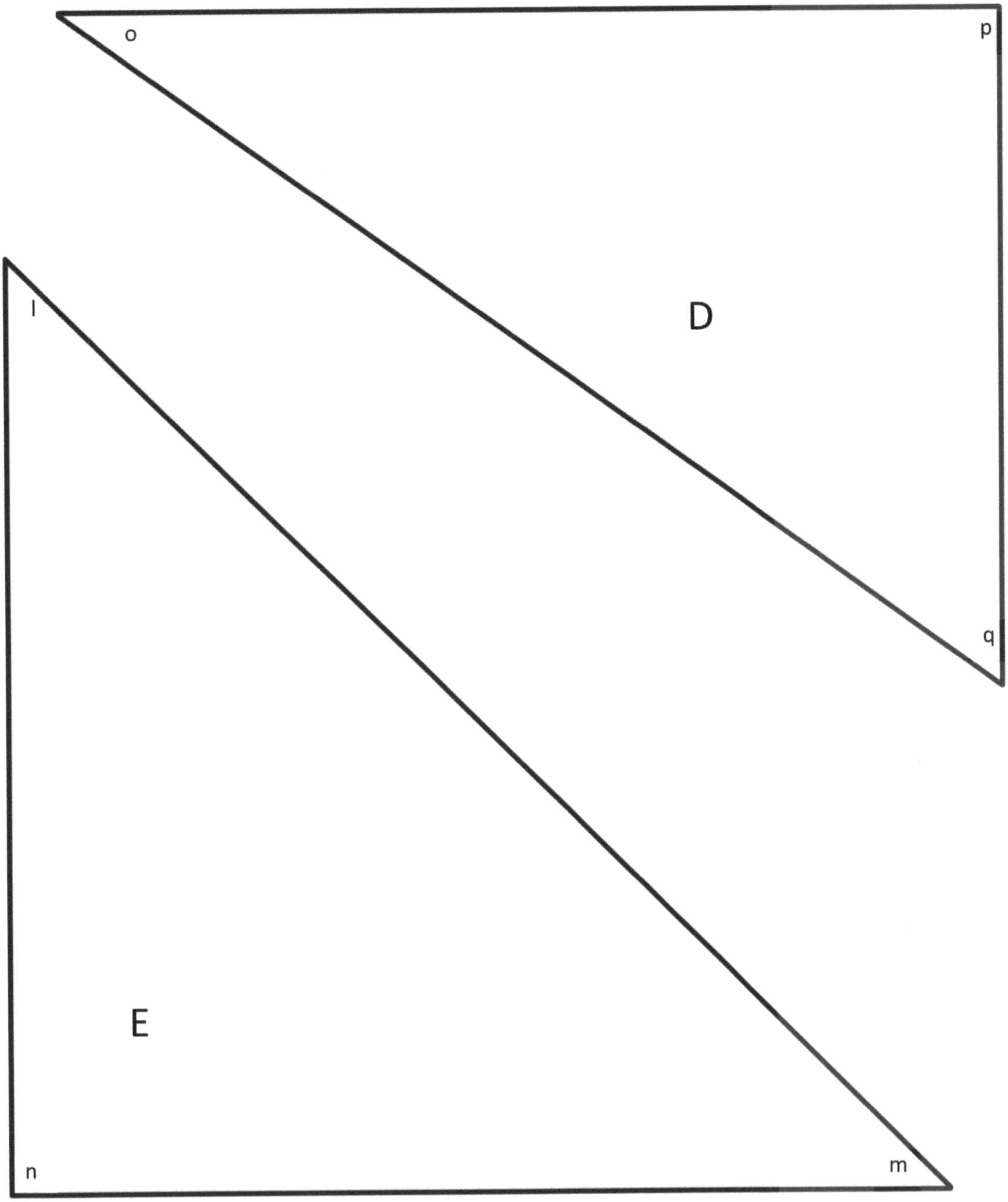

| 单位的故事 | 第13课模板 4•4 |

o .... p

D

l

q

E

n .... m

_____
三角形

第13课： 根据边长和/或角度测量值对三角形进行分析和分类。

姓名 _____ 日期 _____

三角形草图	属性 （包括边长和角度。）	分类	
A			
B			
C			
D			
E			
F			

第13课： 根据边长和/或角度测量值对三角形进行分析和分类。

姓名 _____ 日期 _____

1. 根据每个三角形的边长和角度测量值对其进行分类。圈出正确的名称。

	使用 边长进行分类	使用 角的大小进行分类
a.	等边　等腰　不等边	锐角　直角　钝角
b.	等边　等腰　不等边	锐角　直角　钝角
c.	等边　等腰　不等边	锐角　直角　钝角
d.	等边　等腰　不等边	锐角　直角　钝角

2. △ABC有一条如图示的对称线。这告诉你关于∠A 和 ∠C度数的什么？

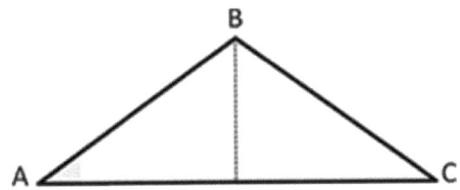

3. △DEF有如图示的3条对称线。

    a. 这些对称线如何帮助你想象出哪些角度是相等的？

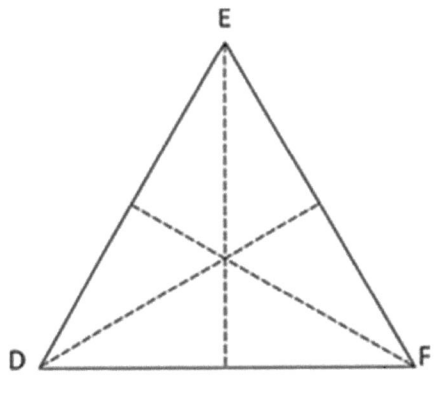

    b. △DEF的周长是30厘米。标记边长。

4. 使用尺子连接这些点以组成另外两个三角形。每个点只能使用一次。三角形不能重叠。一个或两个点可以不用。说出下面的三个三角形的名称，并将其分类。第一个已经为您完成。

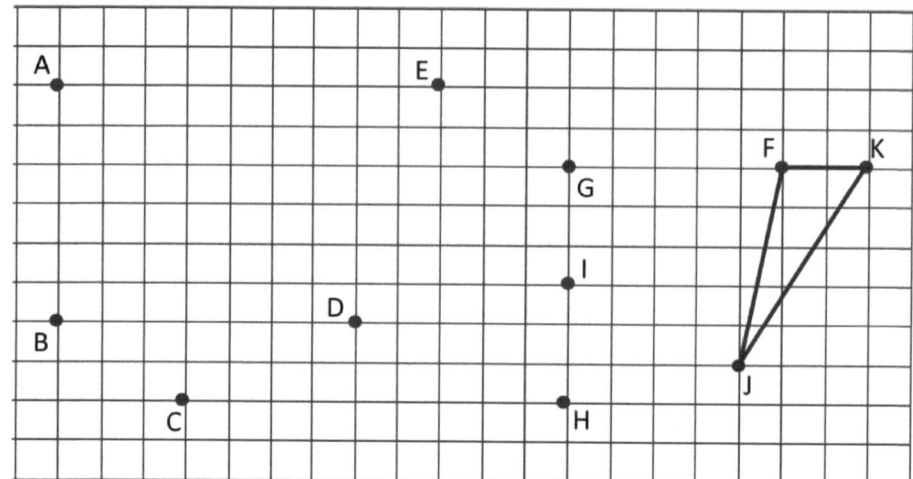

使用 顶点命名三角形	按边长进行分类	按角的大小分类
$\triangle FJK$	不等边三角形	钝角

5. a. 从以上网格列出3个点，当用线段连接时，不可形成三角形。

   b. 当用线段连接时，为什么你列出的3个点不能形成三角形？

6. 三角形会有2个直角吗？说明。

姓名 _____ 日期 _____

使用合适的工具求解以下习题。

1. 以下三角形以根据共同属性（边长或角度）分类。使用锐角、直角、钝角、不等边三角形、等腰或等边等词汇，标准标题，以确定三角形分类的方式。

2. 画线，以根据角度类型和边长识别每个三角形。

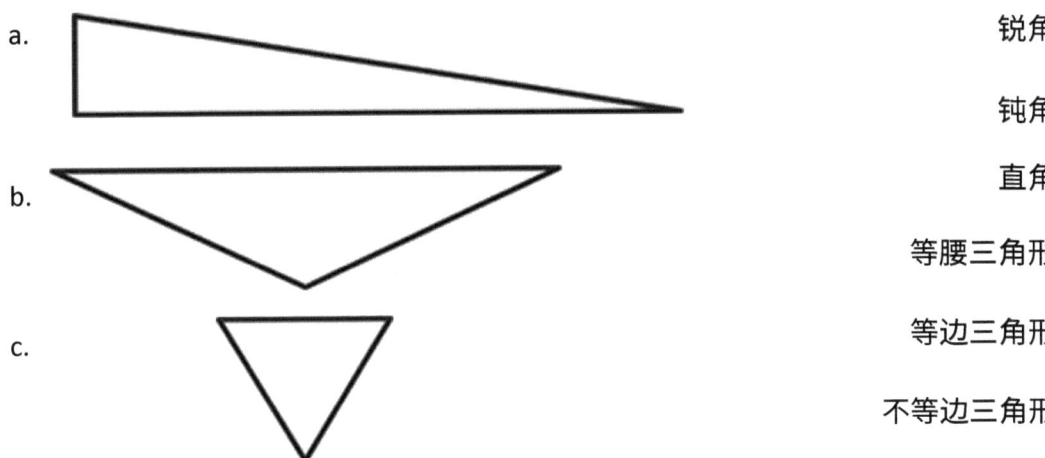

锐角

钝角

直角

等腰三角形

等边三角形

不等边三角形

3. 识别和画出习题2中三角形的任何对称线。

在你的网格纸上画3个点,当连接时,它们形成三角形。使用你的直尺连接这3个点以形成三角形。确定你构建的三角形如何分类:直角,锐角,钝角,等边,等腰,或不等边三角形。

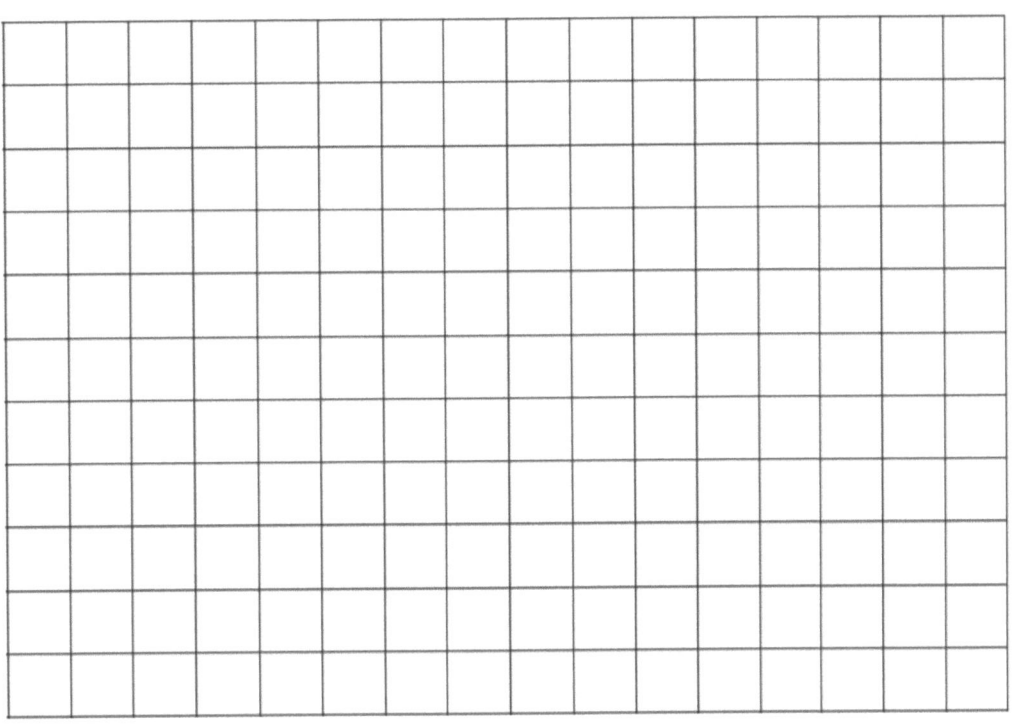

a. 你如何分类你的三角形?

阅读　　　　绘画　　　　编写

b. 你根据什么属性来分类你的三角形？

c. 你使用什么工具帮助你画和分类你的三角形？

阅读　　　　　绘画　　　　　编写

第14课： 根据给定的标准定义和构建三角形。探索三角形的对称性。

姓名 _____   日期 _____

1. 绘制符合以下分类的三角形。使用尺子和量角器。标记边长和角。

   a. 直角和等腰三角形

   b. 钝角和不等边三角形

   c. 锐角和不等边三角形

   d. 锐角和等腰三角形

2. 在上面的三角形中画出所有可能的对称线。说明为什么某些三角形没有对称线。

以下句子是对还是错？使用图形或文字解释。

3. 如果△ABC是等边三角形，$\overline{BC}$一定是2厘米。对或错？

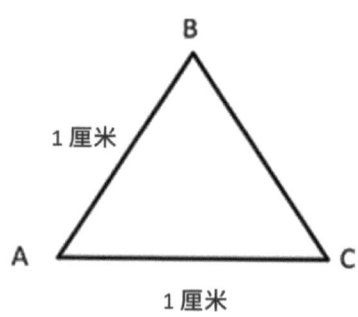

4. 三角形不会有一个钝角和一个直角。对或错？

5. △EFG可以描述为直角三角形和等腰三角形。对或错？

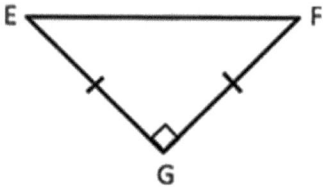

6. 等边三角形是等腰三角形。对或错？

延伸：在△HIJ中，a = b。对或错？

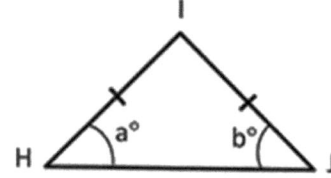

姓名 _____ 日期 _____

1. 画一个钝角等腰三角形,然后画出任何对称线,如果存在的话。

2. 画一个直角不等边三角形,然后画出任何对称线,如果存在。

3. 每个三角形至少有_锐角。

a. 在网格纸上，画2个平行线段，每个4个单位长，从点V延伸。识别线段为 $\overline{SV}...\overline{UV}$。画 $\overline{SU}$。你画出了什么形状？分类。

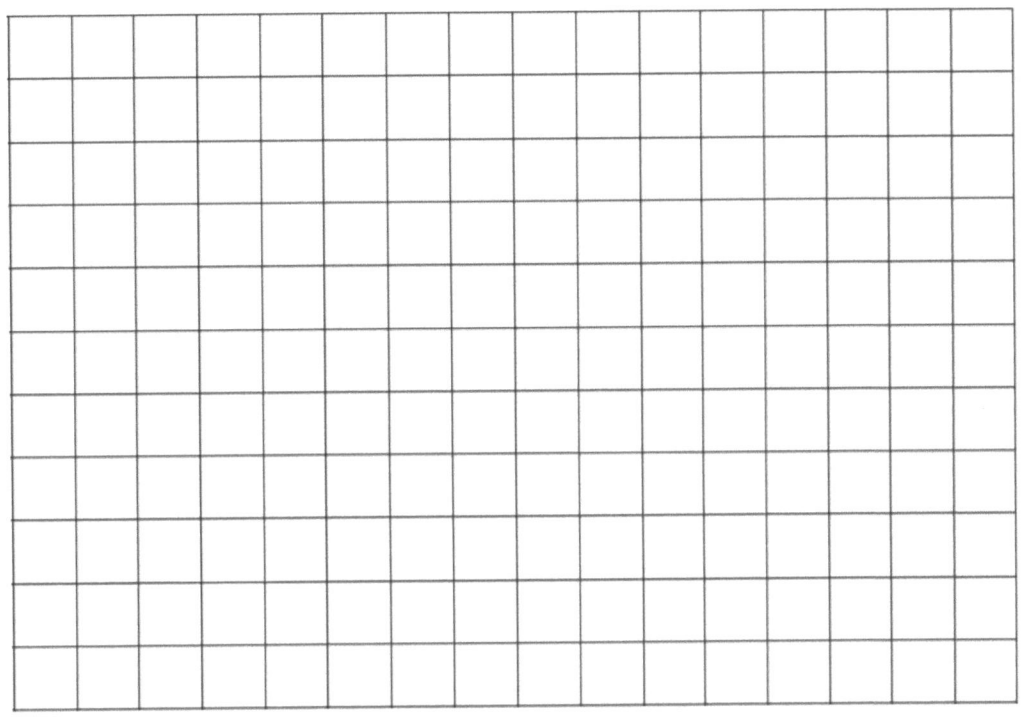

b. 想象 $\overline{SU}$ 是一条对称线。画出三角形的另一半。你画出了什么形状？你如何判断？

阅读　　　　绘画　　　　编写

姓名 _____ 日期 _____

用给出的属性构建图形。说出你画的图形。尽可能地具体。如果需要,使用额外的空白纸。

1. 画四边形,至少一对边平行。

2. 画出一个有两组平行边的四边形。

3. 画一个有4个直角的平行四边形。

4. 画一个长方形,所有边等长。

5. 使用单词库为每个形状命名，其尽可能具体。

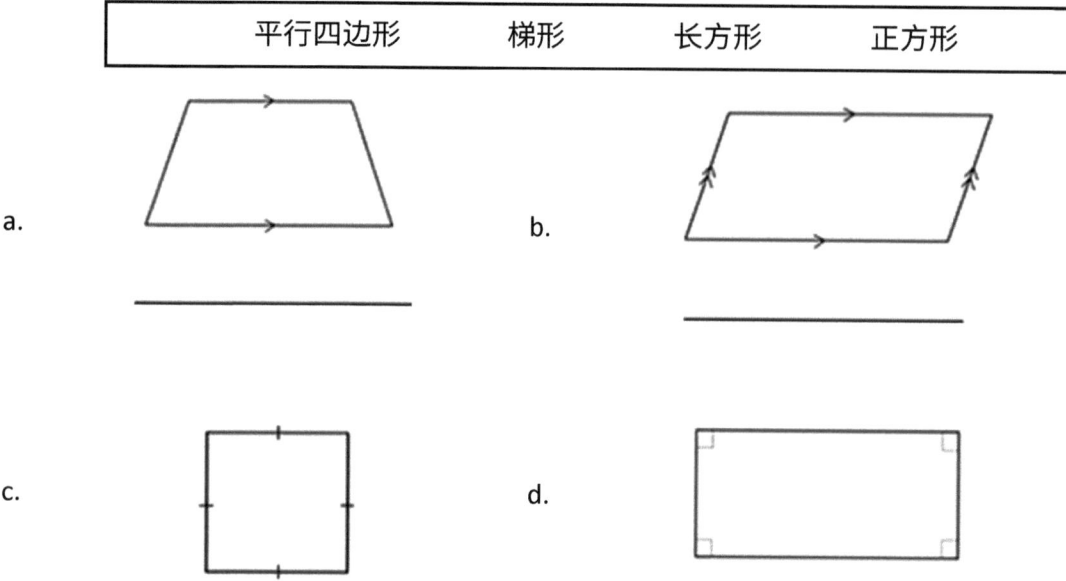

| 平行四边形 | 梯形 | 长方形 | 正方形 |

a. _____

b. _____

c. _____

d. _____

6. 说明使正方形成为特殊矩形的属性。

7. 说明使矩形成为特殊平行四边形的属性。

8. 说明使平行四边形成为特殊梯形（不规则四边形）的属性。

姓名 _____ 日期 _____

1. 在以下空间，画一个平行四边形。

2. 解释为什么长方形是特殊的平行四边形。

第15课： 根据平行线和垂直线以及是否存在特定大小的角，对四边形进行分类。

在星星中，找出以下每个至少两个不同的例子。解释你采用了哪些属性来识别每一个。

- 等边三角形
- 梯形
- 平行四边形
- 菱形

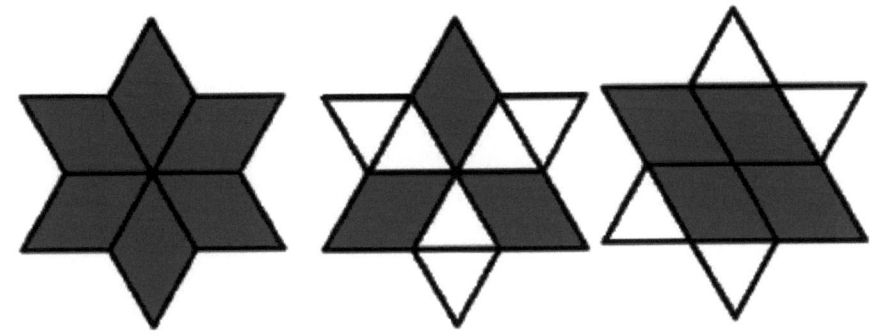

阅读　　　　绘画　　　　编写

姓名 _____ 日期 _____

1. 在网格纸上，画出至少一个四边形符合此描述。使用给出的线段作为四边形的一个边。使用以下术语之一说出你画的图形。

| 平行四边形　　　　　　　梯形　　　　　　　　　　　　长方形 |
| 正方形　　　　　　　　　　　　　　　　　　　　　　　　菱形 |

a. 至少有一对平行边的四边形。

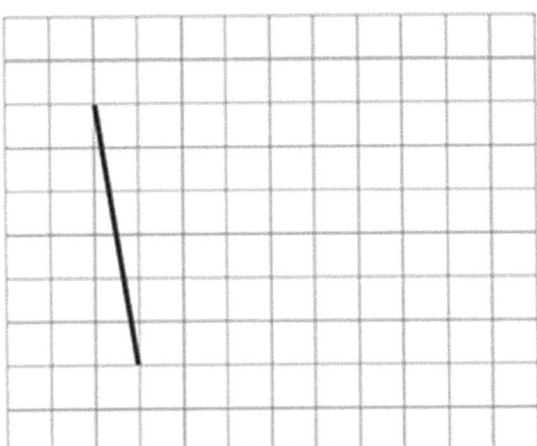

b. 有4个直角的四边形。

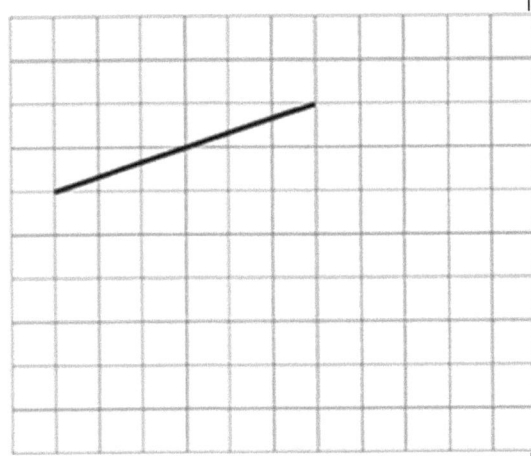

c. 有2对平行边的四边形

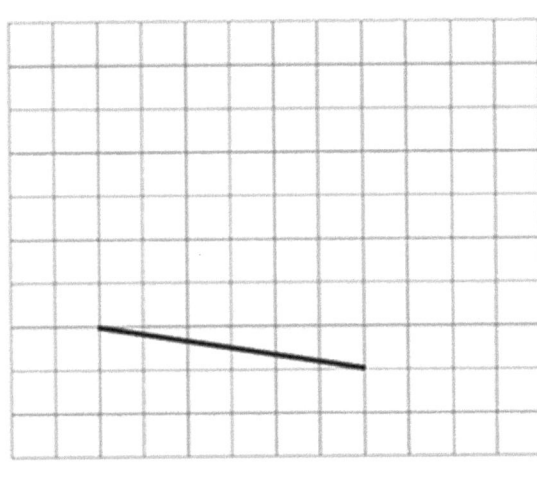

d. 具有至少一对垂直边和至少一对平行边的四边形。

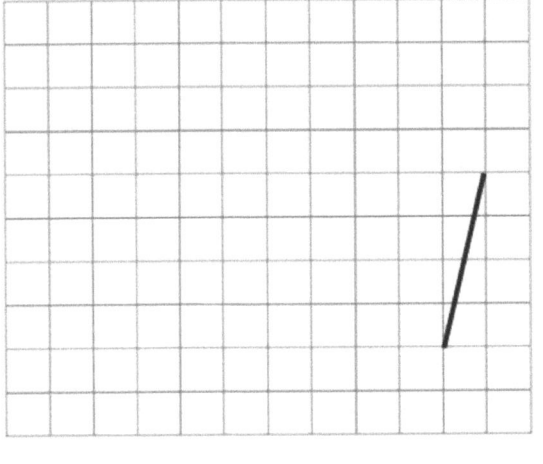

2. 在网格纸上，画出至少一个四边形符合此描述。使用给出的线段作为四边形的一个边。使用以下术语之一说出你画的图形。

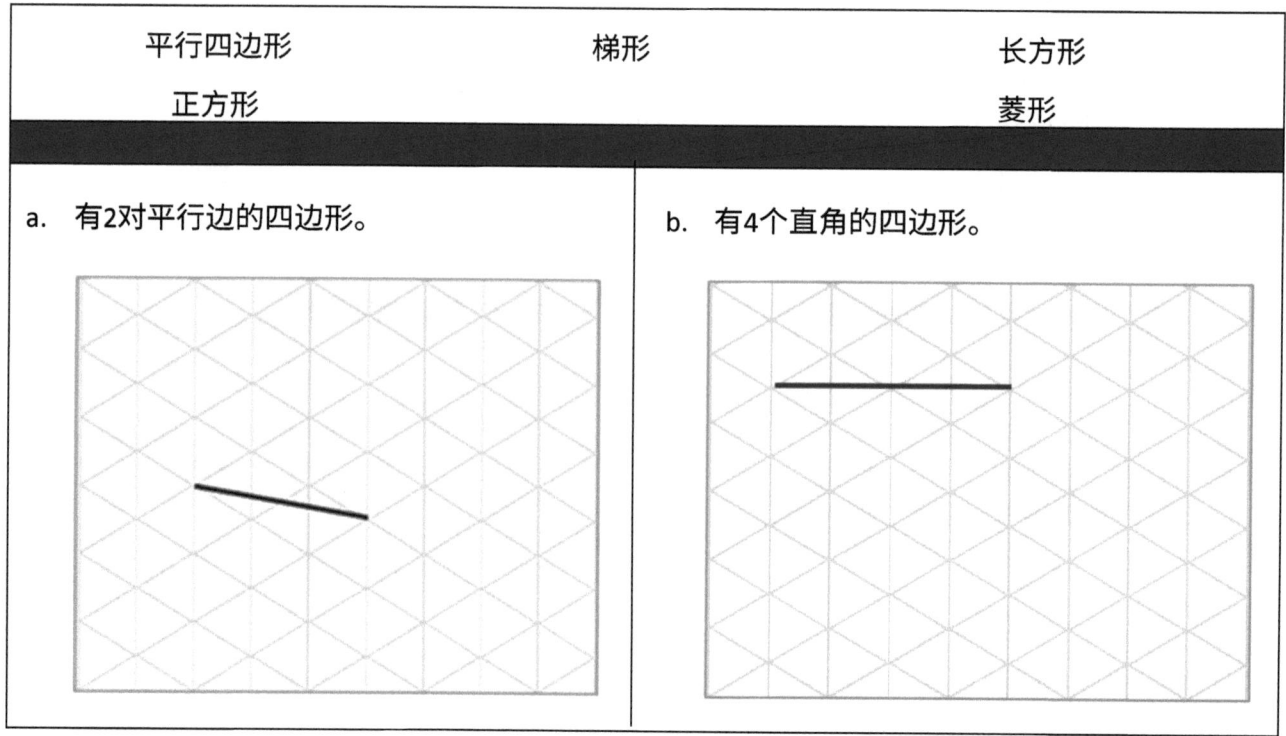

3. 解释使得菱形不同于长方形的属性。

4. 解释使得正方形不同于菱形的属性。

姓名 _____ 日期 _____

1. 在长方形网格纸上画一个没有任何直角的平行四边形。

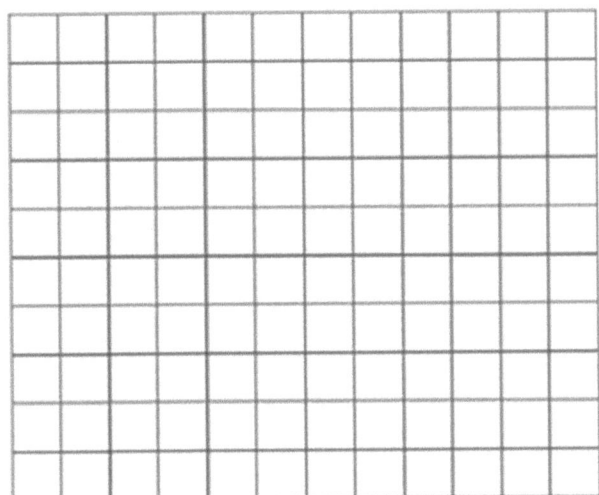

2. 在三角形网格纸上画一个长方形。

第16课: 思考在正方形或三角形网格纸上构建四边形的属性。

鸣谢

Great Minds®竭尽全力获得转载所有版权教材的许可。如对任何版权材料的拥有人未在此致谢,请联系 Great Minds,以在未来的版本以及本模块的转载中获得正确的致谢。

Printed by Libri Plureos GmbH in Hamburg, Germany